Dr. M. Rajasekar

Quimiossensores de rodamina: tendências e aplicações atuais

Dr. M. Rajasekar

Quimiossensores de rodamina: tendências e aplicações atuais

ScienciaScripts

Imprint

Cover image: www.ingimage.com

This book is a translation from the original published under ISBN 978-620-8-06584-3.

Publisher:
Sciencia Scripts
is a trademark of
Dodo Books Indian Ocean Ltd. and OmniScriptum S.R.L publishing group

120 High Road, East Finchley, London, N2 9ED, United Kingdom
Str. Armeneasca 28/1, office 1, Chisinau MD-2012, Republic of Moldova, Europe
Printed at: see last page
ISBN: 978-620-8-17319-7

QUIMIOSSENSORES DE RODAMINA: TENDÊNCIAS E APLICAÇÕES ACTUAIS

Índice

1. INTRODUÇÃO

Um sensor é um dispositivo que detecta alterações no ambiente e produz uma saída relacionada.[1-3] A saída é um tipo de sinal que pode ser traduzido por humanos em informação legível. A entrada específica pode ser a luz, o calor, o movimento ou qualquer outro fenómeno ambiental. Além disso, os quimiossensores são as moléculas que detectam as moléculas em causa e produzem uma resposta detetável.[4-6] As sondas cromogénicas e fluorogénicas são constituídas por duas ou três partes importantes, incluindo uma parte de reconhecimento, uma parte de sinalização e um espaçador de ligação adequado. A fração de sinalização actua como um transdutor de sinal cujas caraterísticas fotofísicas se alteram após a reação com a substância a analisar e converte a informação num sinal ótico. No entanto, a fração de reconhecimento é responsável pela reação selectiva ou pelo evento de ligação com a substância a analisar, dependendo do tipo de ligando, metal ou anião e das caraterísticas do solvente.

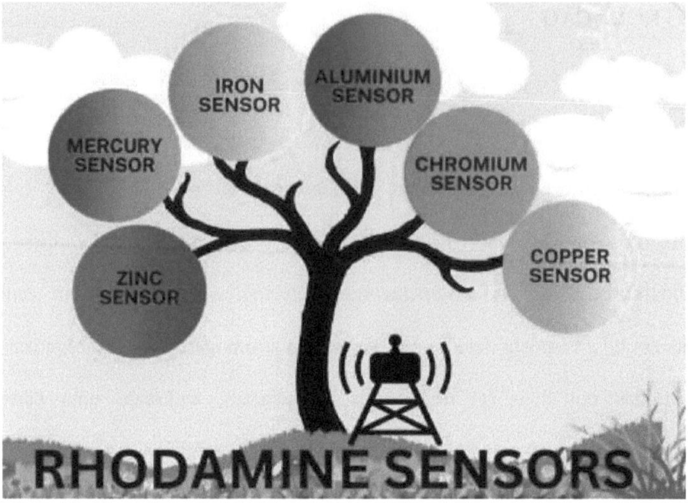

1

Figura 1. Representação esquemática dos sensores à base de rodamina

O sinal de um sensor fluorescente é medido através da alteração da absorvância, da fluorescência ou dos tempos de vida da fluorescência.[7-9] As alterações são observáveis quando as substâncias a analisar afectam o mecanismo fotofísico. A transferência de energia por ressonância de fluorescência (FRET), a transferência de carga intermolecular (ICT), a transferência de electrões fotoinduzida (PET), a transferência de carga intermolecular (ICT) e a transferência de carga intramolecular planar (PICT) são alguns exemplos de mecanismos fotofísicos que podem ser utilizados para criar quimiosensores fotorresponsivos para metais ou outros analitos.[10]

Além disso, os sensores fluorescentes à base de rodamina (**1**) para iões e analitos neutros têm demonstrado consistentemente o seu potencial numa variedade de domínios, tais como sondas biológicas, sensores ambientais e dispositivos moleculares (**Figura 1**).[11-14] Os sensores fluorescentes têm atraído um interesse considerável por parte dos químicos devido às suas excelentes propriedades fotofísicas. Não são fluorescentes e são incolores, ao passo que a abertura do anel da espirolactama correspondente dá origem a uma forte emissão de fluorescência e a uma cor rosa. [15-18] Em geral, apresenta uma mudança de cor vermelha e uma forte fluorescência numa solução ácida através da ativação de um grupo carbonilo numa espirolactona ou numa espirolactama. Do mesmo modo, um ligando apropriado no anel de espirolactama pode induzir uma mudança de cor, bem como uma mudança fluorescente, após a adição de iões metálicos, embora este processo dependa do sistema de solventes.[19,20] Este livro centra-se no desenvolvimento e na aplicação de sensores de rodamina baseados em fotorresponsivos.

2. SENSORES DE ALUMÍNIO À BASE DE RHODAMINA (Al)$^{3+}$

O composto rodamina-dihidroxibenzaldeído (**2**) é a base do quimiossensor fluorescente que se ativa num amplo espetro de iões metálicos investigados. Apresenta uma seletividade excecional, uma elevada sensibilidade e uma intensidade de fluorescência notavelmente melhorada para a deteção de Al^{3+} em CH_3 CN-H_2 O. Apresenta também uma mudança de cor distinta de incolor para magenta profundo. A sonda atual é muito competitiva e ligeiramente superior a outras em todas as caraterísticas, de acordo com uma comparação com outras sondas fluorescentes de ativação sensível ao Al^{3+} atualmente disponíveis. A sonda tem um preço razoável, uma vez que requer apenas uma reação simples em duas etapas, utilizando produtos químicos facilmente acessíveis e muito menos dispendiosos do mercado. Este sensor não necessita de qualquer equipamento complicado para permitir a deteção visual de até 2×10^{-8} M Al^{3+} numa solução tampão aquosa-acetonitrilo. Pode funcionar como um sensor químico "a olho nu" que detecta iões Al^{3+} . Tem uma vasta gama de utilizações em sistemas biológicos, químicos e ambientais (**Figura 2a**). [21] Foi também concebido um quimiossensor simples de fabricar à base de rodamina-quinolina (**3**) que funciona como um interrutor molecular reversível.

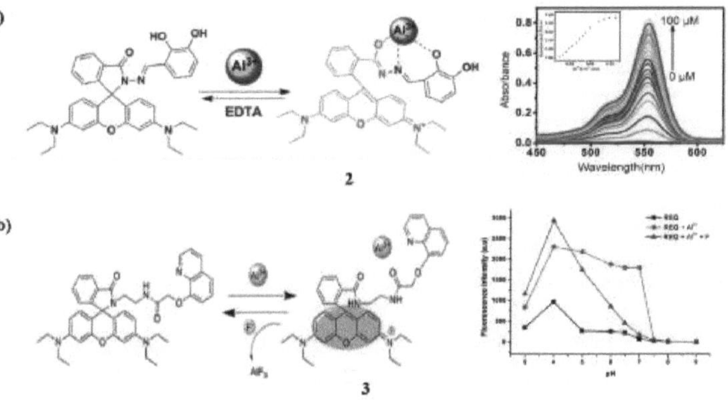

Figura 2. a). Propriedades espectroscópicas dos sensores de alumínio (Al^{3+}) à base de rodamina (**2**). b). Estudo de fluorescência do sensor de Al do tipo rodamina-quinolina^{3+} (**3**).

O composto resultante é um excelente quimiossensor sequencial que apresenta uma forte seletividade para o Al^{3+} e pode detetar especificamente o F^- no mesmo meio aquoso neutro. A avaliação do gráfico de trabalho, a titulação ótica e a investigação por RMN forneceram provas suficientes para validar o processo OFF-ON-OFF do Al^{3+} . A sequestração do complexo de sondas por F^- o regulamento da USEPA para a água potável é substancialmente superior ao nível de deteção de F^- . Além disso, é bastante simples de executar e a mudança de tonalidade percetível permite a possível utilização prática do sistema de identificação do sensor a olho nu (**Figura 2b**). [22]

Um quimiossensor fluorescente (**4**) para o Al^{3+} que é muito sensível e seletivo tem origem num derivado da rodamina. Este foi criado através da condensação de 5-metil salicilaldeído e *N*-(rodamina-6G) lactama-etilenodiamina em acetonitrilo. Foram identificados por análise de difração de raios X de cristal único. A solução tampão HEPES 10 mM a pH 7,4 em H_2 O/MeOH a 25°C foi utilizada para obter os espectros de absorção e emissão. A presença de Al^{3+} é indicada por bandas a 529 nm nos espectros de absorção. Este ião metálico reage com o Al^{3+} para tornar rosa a solução incolor da sonda. Quando activada, é quase não fluorescente a 500 nm. No entanto, a amplitude de emissão a 552 nm aumenta drasticamente devido à presença de Al^{3+} . Nenhum outro tipo de ião metálico pode aumentar significativamente a intensidade da emissão. O seu anel de espirolactama contribui para a sua falta de cor e fluorescência. O Al^{3+} provoca a expansão do anel, o que resulta numa fluorescência intensa e numa coloração cor-de-rosa. Através da análise por RMN, IV e outras técnicas espectrais, foi demonstrado que os anéis se abrem e formam um complexo com o ião metálico. Verificou-se que o LOD tem um valor de 2,8 nM. Quando se forma um complexo com o $Al^{3+,}$, o rendimento quântico e o tempo de vida da sonda aumentam consideravelmente. A sonda foi aplicada na investigação de imagens de células vivas utilizando várias células procarióticas e eucarióticas (**Figura 3a**).[23] Foram desenvolvidos o desenvolvimento e a síntese de um novo quimiossensor de rodamina (**5**) com caraterísticas fotocrómicas excepcionais que aderem à irradiação visível. Foi utilizada uma elevada seletividade e sensibilidade para detetar o Al^{3+} através da abertura do anel espirolactâmico da unidade de rodamina. A espetroscopia de RMN e de infravermelhos, as titulações de Job e as análises de espetrometria de massa apoiaram completamente a abertura do anel de espirolactama, que pode apresentar um aumento notável da fluorescência com um limite superior de deteção (LOD) de 0,16 μM. Além disso, foi efectuada uma análise quantitativa e qualitativa exaustiva da deteção de Al^{3+} em organismos vivos. Os resultados demonstraram que a coordenação do sensor em células vivas era reversível (**Figura 3b**). [24]

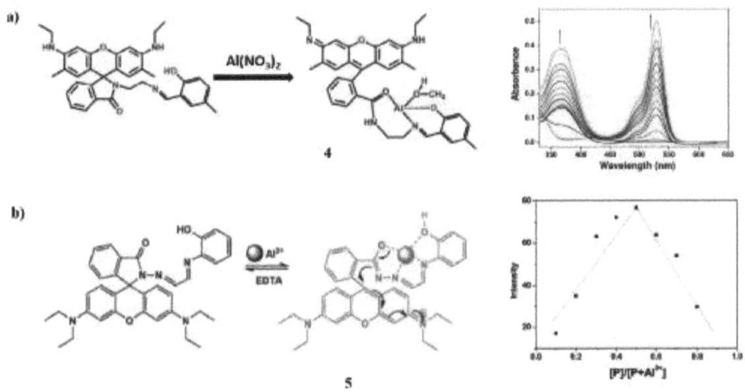

Figura 3. a). Espectros de absorção do quimiossensor fluorescente à base de rodamina Al^{3+} (**4**). b). Estudos de imagiologia celular do quimiossensor "OFF-ON" reativo a Al(III) baseado em rodamina (**5**)

A estrutura central da rodamina modificada com diaminobenzeno foi combinada com derivados de salicilaldeído para produzir sondas fluorescentes à base de rodamina B (**6**) com bons rendimentos. Demonstrou respostas excepcionais de absorvância e fluorescência quando exposta a Al^{3+} em relação a outros iões metálicos num meio de etanol-água, utilizando o método de abertura do anel de rodamina, que pode ser aplicado para a deteção a "olho nu" de Al^{3+} numa vasta gama de pH. O limite inferior de deteção para o Al^{3+} foi de 1,839 μM e 1,374 μM porque a intensidade da fluorescência das sondas foi linear em função da concentração do ião. Os testes de imagiologia celular Al^{3+} e os ensaios MTT das sondas em células vivas SGC-7901 também mostraram que estas apresentavam muito pouca citotoxicidade. Eram úteis para a deteção de Al^{3+} em seres vivos porque eram permeáveis às células (**Figura 4a**). [25] A sonda construída e fabricada (**7**) tem um elevado nível de sensibilidade e seletividade para iões de alumínio.

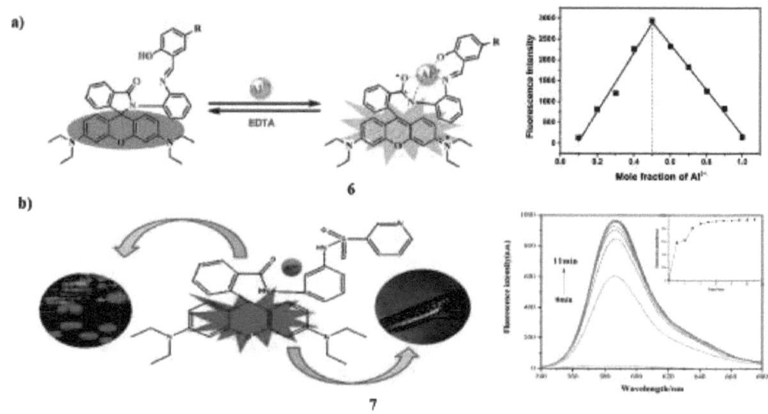

Figura 4. a). Ensaios MTT para o sensor de alumínio (III) baseado em RhB (**6**). b). Estudos de imagiologia biológica de derivados de rodamina à base de iões de alumínio (**7**).

O fluoróforo utilizado nesta estrutura é o RhB, que interage com a 1,3-fenilenodiamina para proporcionar um efeito especial "ON-OFF" antes de reagir com o cloreto de piridina-3-sulfonilo para tornar a estrutura mais rígida. Os iões de alumínio podem fazer com que o anel da sonda se expanda, o que resulta num aspeto de fluorescência e numa mudança de cor perceptíveis ao olho humano.

Utilizando a análise do espetro de absorção UV e a espetroscopia de fluorescência, a reação da sonda aos iões de alumínio pode ser determinada com elevada especificidade. Células humanas da mama, tecidos de raiz de soja de peixe-zebra e até amostras de água não tratada foram utilizados em ensaios para confirmar a adequação da sonda para utilização num ambiente biológico (**Figura 4b**). [26]

A deteção de partículas de alumínio trivalente (Al^{3+}) é efectuada com um quimiossensor fluorescente de infravermelhos próximos (**8**). Para aumentar os comprimentos de onda de absorção e emissão dos corantes de rodamina, o aldeído de Fisher é adicionado à sua estrutura. Com um aumento de 77 vezes na intensidade de fluorescência quando o Al^{3+} é introduzido, apresenta uma resposta fluorescente muito sensível. A sua gama linear, que vai de $1{,}0 \times 10^{-7}$ a $2{,}0 \times 10^{-5}$ M, e o seu limite detetável de $3{,}0 \times 10^{-8}$ M, podem ser utilizados para quantificar o Al^{3+} . A notável especificidade do quimiossensor para o Al^{3+} na presença de outros iões metálicos é o fator mais importante, uma vez que reúne as condições necessárias para uma aplicação prática. O comportamento de resposta independente do pH do NIR-Rh em relação ao Al^{3+} também é observado em condições neutras. Além disso, o gráfico de Job, a RMN, a MS e os cálculos teóricos DFT corroboraram a ação de abertura do anel da espirolactama NIR-Rh gerada pelo Al^{3+} e o arranjo estequiométrico 1:1 entre o NIR-Rh e o Al^{3+} . Foi utilizada com êxito para identificar o Al^{3+} em células e tecidos vivos (**Figura 5a**). [27] Foi utilizada uma sonda fluorescente (**9**) para criar um sensor "OFF-ON" que pode detetar a presença de Al^{3+} em ambientes aquáticos com elevada sensibilidade e excelente seletividade. Foi fabricada utilizando cloridrato de piridoxal e hidrazida de rodamina B numa síntese de um só passo. Foram caracterizados por espetrometria de massa e ressonância magnética nuclear. Com um limite de deteção de 0,23 μM e 1,90 μM, a intensidade de fluorescência e a absorvância do sensor mostraram uma boa linearidade com concentrações de Al^{3+} entre as gamas de 0-12,5 μM e 8-44 μM, respetivamente. Foi utilizado para medir com exatidão a presença de Al^{3+} em amostras de água da torneira e de água do lago da Universidade de Henan. Também pode ser utilizado como agente de bioimagem para obter imagens de Al^{3+} em células vivas (**Figura 5b**). [28]

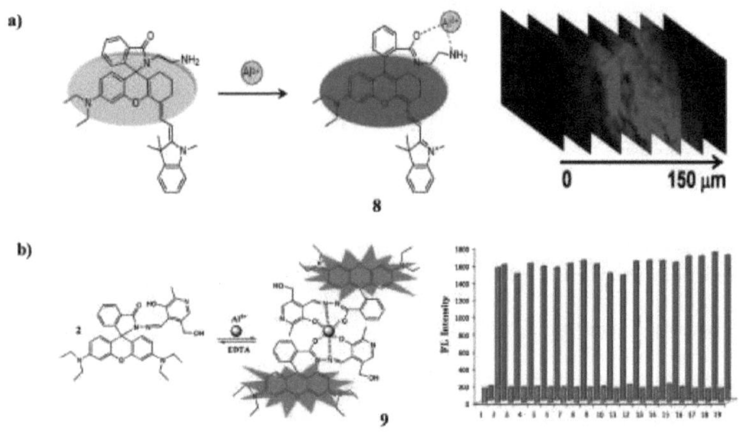

Figura 5. a). Estudos em células e tecidos vivos do quimiossensor de alumínio (III) à base de rodamina (**8**). b). Aplicação de bioimagem do quimiossensor de Al^{3+} à base de rodamina (**9**).

Os polissiloxanos são ideais para a investigação biológica devido à sua durabilidade superior e relevância biológica. No entanto, não existiam muitas sondas fluorescentes disponíveis para bioimagem. Como reação de sonda fluorescente "turn-on" a iões Al^{3+} com excelente sensibilidade e seletividade, este trabalho construiu pela primeira vez uma nova sonda de fluorescência polimérica à base de polissiloxano (**10**). Além disso, pode ser utilizada para imagiologia de peixe-zebra e de células, demonstrando a sua ampla utilização (**Figura 6a**). [29] Além disso, as nanopartículas à base de ligandos de rodamina (**11**) foram criadas por reprecipitação no tampão TRIS e são capazes de reconhecer iões Al^{3+} através da abertura do anel de espirolactama na rodamina. Ao reduzir a intensidade da fluorescência e ao restaurar a intensidade inicial da fluorescência, serviu de quimiossensor seletivo para o AMP. Foram criadas tiras de rastreio portáteis para tornar simples e prática a deteção de iões AMP e Al^{3+} a olho nu. Foram também testadas para detetar a presença de iões Al^{3+} em água comum e em meio antiácido. Foi capaz de utilizar a apirase para hidrolisar ATP e ADP, monitorizando simultaneamente a quantidade de AMP presente (**Figura 6b**). [30]

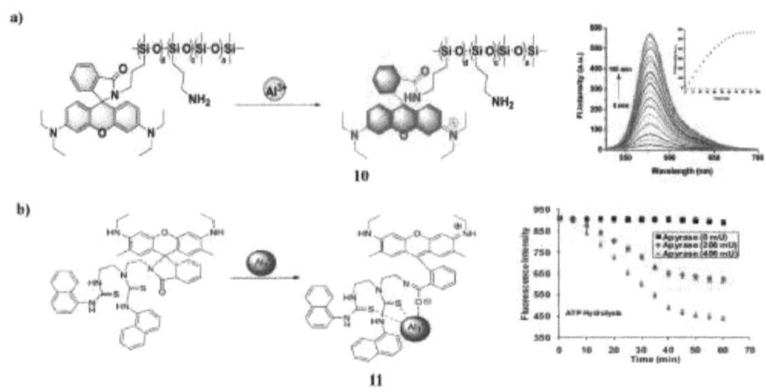

Figura 6. a). Estudos de imagiologia em peixe-zebra do sensor Al^{3+} (**10**). b). Estudos ambientais dos quimiossensores Al^{3+} (**11**).

Foi concebido, produzido e estudado um quimiossensor ótico do tipo rodamina-2-cloronicotinaldeído (R6CN, **12**) que funciona como um interrutor reversível. Demonstrou uma forte seletividade de diferentes iões metálicos em relação ao Al^{3+} . A ligação ao Al^{3+} promoveu o processo de abertura do anel da rodamina espirolactama. Os resultados da avaliação do Job-plot, da titulação ótica, do FT-IR e dos testes de RMN^1 H confirmaram suficientemente a estrutura estequiométrica 1:1 entre o R6CN e o Al^{3+} . Os cálculos teóricos e as simulações modelizadas foram efectuados utilizando o pacote Material Studio 4.3 (VAMP). Os resultados confirmaram que o R6CN e o Al^{3+} formaram uma combinação 1:1. Comparando a eficiência quântica da fluorescência com a do ligando simples, esta foi extremamente elevada. O Al^{3+} tinha um limite de deteção de $4{,}28 \times 10^{-9}$ M, e a sua presença resultou numa mudança de tonalidade notável de quase incolor para rosa claro. Consequentemente, entre outros aniões, serviu como um quimiossensor especializado para o N_3^-. Além disso, mostrou uma notável seletividade e sensibilidade ao anião azida em resposta à inclusão de Al^{3+}, e a cor voltou a ser monocromática quando os dois iões foram combinados em solução. Foi examinada utilizando imagens CLSM, SEM e FT-IR (**Figura 7a**). [31] A sonda fluorescente (**13**) foi criada e fabricada para reconhecer o Al^{3+}. É construída com base num composto de rodamina 6G (RG-HN). Quando estavam presentes iões metálicos adicionais que eram competitivos, apresentava um elevado grau de seletividade favorecendo o Al^{3+} em CH_3CN. Uma vez que o anel de espirolactama foi aberto pela adição de Al^{3+}, o RG-HN sofreu uma mudança de cor percetível, bem como uma alteração de fluorescência desligada. O limite de deteção foi determinado em $2{,}6 \times 10^{-8}$ M utilizando um cálculo baseado em $3\delta/k$. O complexo 2:1 de RG-HN com Al^{3+} parece ter-se formado, de acordo com o gráfico de trabalho e os espectros LCMS. Além disso, foram criadas películas delicadas de RG-HN e utilizadas como sondas para encontrar Al^{3+} em condições totalmente aquosas. Depois de submergir o Al^{3+} em água, este sofreu uma mudança de cor notável. O SEM foi utilizado para analisar as alterações na morfologia da película fina de RG-HN após a deteção de Al^{3+} (**Figura 7b**). [32]

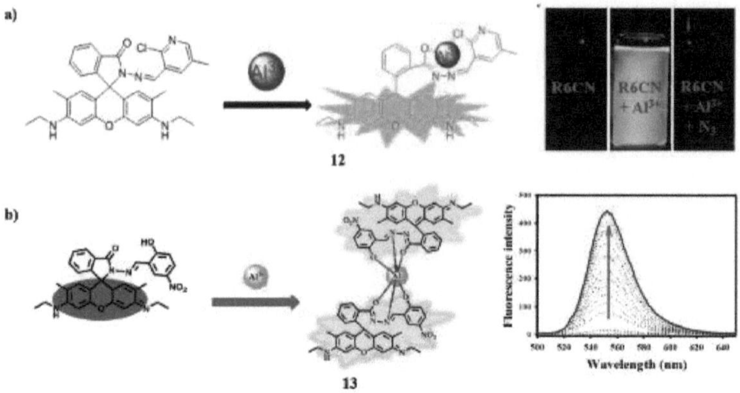

Figura 7. a). Estudo fotofísico do Rh6G-2-cloronicotinaldeído para a deteção de iões Al^{3+} (**12**). b). Aplicação em película fina de um quimiossensor de Al^{3+} baseado em rodamina 6G (**13**).

A sonda luminosa supramolecular (**14**) foi preparada com base no RhB, que tem uma reação exclusiva com o Al^{3+} . Através do uso de RMN e MS, a legitimidade do composto foi confirmada e as suas caraterísticas espectrais foram examinadas. Quando exposta a iões de alumínio, a cor da solução da sonda mudou rapidamente e reagiu com extrema rapidez ao Al^{3+} . O fator de ligação mais elevado para o Al^{3+} é de $1{,}01 \times 10^4$ M^{-1} , e o limite de deteção pode ser tão baixo como 0,146 µM. Foi efectuada investigação prática sobre as suas funções, tendo sido demonstrado que a sonda pode participar em amostras reais de água difíceis e manter uma taxa de recuperação muito boa. Foi também utilizada nas ciências da vida, onde a sonda pode ser efetivamente utilizada em células humanas, células de plantas e corpos vivos (**Figura 8a**). [33] Conceção e síntese de um novo quimiossensor (**15**, HL) para o Al^{3+} que inclui as moléculas de rodamina e naftaleno. O recetor apresentava uma forte emissão crescente de fluorescência centrada em 550 nm na presença de Al^{3+} , em contraste com a emissão de fluorescência de HL que se centrava em 520 nm. Sugeriram que a presença de Al^{3+} provocava a ocorrência de FRET intramolecular entre o naftaleno e a Rodamina 6G (**Figura 8b**). [34]

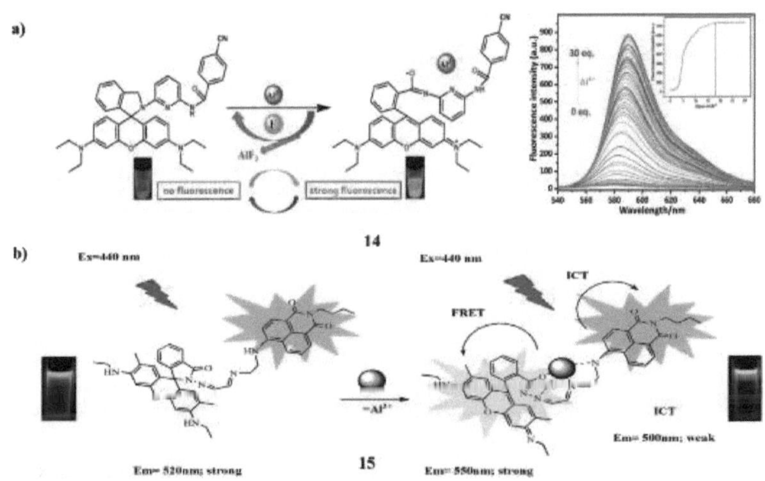

Figura 8. a). Estudos em células vivas do sensor de quimioluminescência à base de Rodamina B (**14**). b). Estudo FRET do sensor conjugado de rodamina-naftaleno Al^{3+} (**15**).

A preparação e caraterização de vários derivados da rodamina (**16**) utilizando vários métodos espectroscópicos. Demonstrou reacções colorimétricas e de fluorescência "turn-on" altamente sensíveis e particulares quando submetida a Al^{3+} em metanol. O Al(III) provocou a abertura dos anéis espiralados, resultando na criação de um complexo metal-sonda com uma estequiometria de

1:1. Este complexo mostrou uma constante de ligação significativa e baixos limites de deteção de Al(III). Mostram também efetivamente que a complexação metal-ligando do metal é reversível **(Figura 9)**.[35]

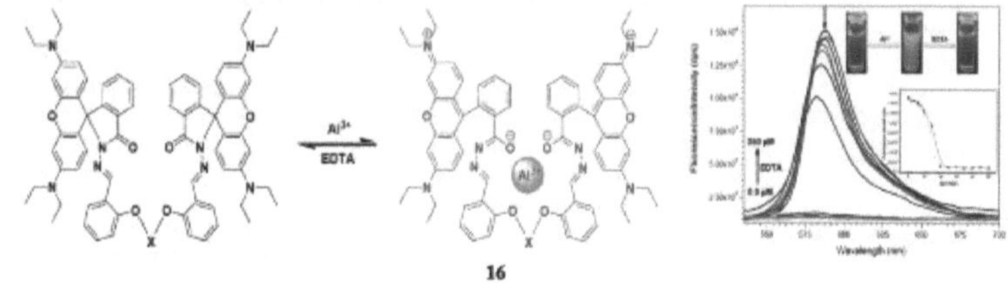

16

Figura 9. Estudo colorimétrico de quimiossensores de Al^{3+} baseados em RhB **(16)**.

Os sensores de alumínio à base de rodamina desempenham um papel crucial na monitorização ambiental, uma vez que o alumínio é um indicador-chave da qualidade da água. Em aplicações médicas, podem ajudar a detetar níveis elevados de alumínio associados a doenças neurodegenerativas. O mecanismo envolve a ligação específica entre o sensor e os iões de alumínio, resultando em alterações de fluorescência que permitem uma quantificação precisa. As perspectivas futuras incluem uma maior sensibilidade do sensor, um âmbito de aplicação mais alargado e potenciais contribuições para a medicina personalizada e a sustentabilidade ambiental.

3. SENSORES DE CRÓMIO À BASE DE RODAMINA (Cr)$^{3+}$

A díade de fluoróforos constitui uma sonda baseada em FRET excelentemente selectiva (**17**) que detecta o Cr^{3+} em comparação com outros iões metálicos. Além disso, a microscopia confocal de fluorescência demonstrou que as técnicas gerais de fluorescência e FRET podem ser utilizadas para monitorizar os níveis intracelulares de Cr^{3+} em células vivas utilizando díades de fluoróforos (**Figura 10a**). [36] Além disso, foi criado um sensor à base de rodamina B (**18**) como sonda fluorescente extremamente sensível para monitorizar o Cr^{3+} numa solução de MeOH-H_2 O e em células vivas. Consiste em duas porções de rodamina B ligadas a ambas as superfícies de amina de um éter 4,13-diaza-18-crown-6 (**Figura 10b**). [37]

a)

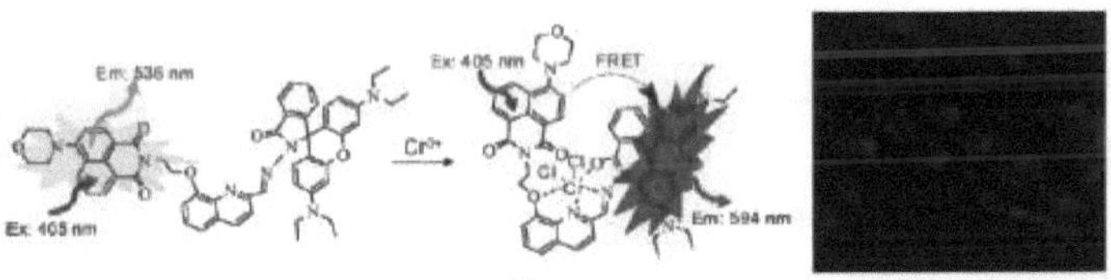

17

b)

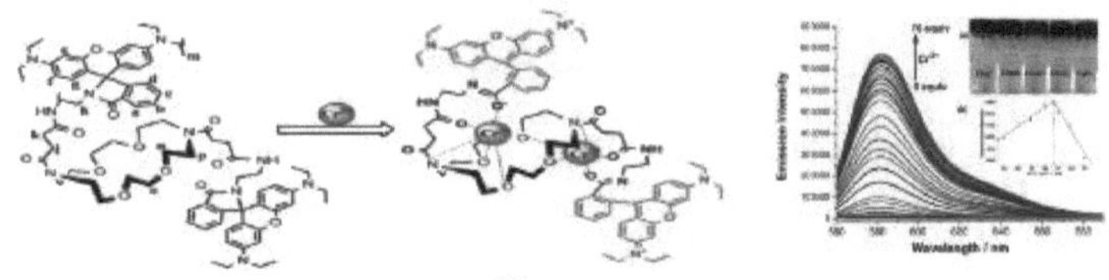

18

Figura 10. a). Estudo de bioimagem do sensor de crómio(III) baseado em FRET (**17**). b). Estudo de fluorescência do conjugado RhB-coroa-éter para o quimiossensor de Cr^{3+} (**18**).

Uma rodamina (**19**) ligada a um aliloxinitrofenilimio-propil-hidroxilo reconhece seletivamente o Cr^{3+} num meio tampão aquoso com um pH de 7,4. Ao ligar-se especificamente ao Cr^{3+} , o reagente hiperativo à luz visível produziu uma reação robusta de ativação da fluorescência com emissão significativa a 557 nm e uma cauda prolongada que estendeu a banda de luminescência até cerca de ~650 nm. Certos iões metálicos não interferem com a deteção de Cr^{3+} , de acordo com experiências de interferência. As investigações de absorção, fluorescência, gráfico de Job e titulação NMR são utilizadas para explicar o processo de deteção. É possível um limite de deteção de 33 nM. A utilidade do teste para a deteção do ião Cr(III) em células HCT116 (**Figura 11a**).[38] As caraterísticas solvatocrómicas de um sensor à base de rodamina (**20**) foram utilizadas para criar uma técnica relativamente simples, extremamente sensível e selectiva para a medição de quantidades ínfimas de Cr^{3+} em sistemas reais. O equilíbrio rodamina-lactona-zwitterião é demonstrado utilizando rodamina disponível no mercado, diluída em vários solventes para produzir rodamina-lactona. Quando comparado com outros iões metálicos, as investigações de complexação baseadas na espetroscopia de fluorescência revelaram que o Cr^{3+} tinha a melhor sensibilidade e seletividade colorimétrica e de fluorescência. Foi significativo porque permitiu identificar de forma rápida e exacta o Cr^{3+} através do filtro de papel sem necessidade de análises instrumentais adicionais (**Figura 11b**). [39]

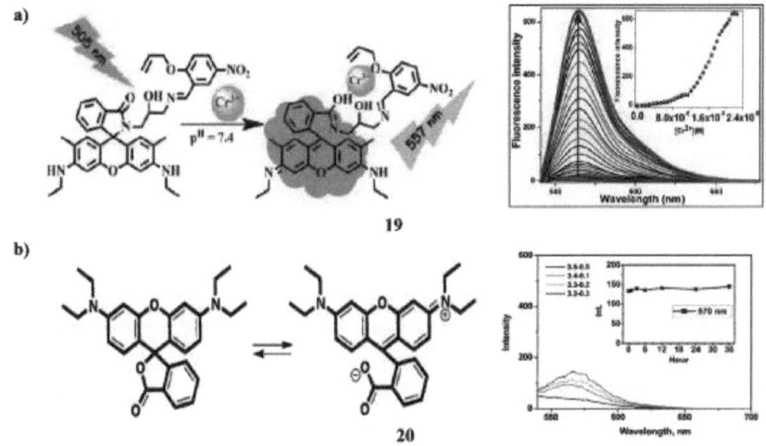

Figura 11. a). Estudos de imagiologia celular do sensor Cr^{3+} baseado em rodamina substituída por alilo (**19**). b). Estudos de complexação do sensor de crómio(III) baseado em solvatocrómio (**20**).

A deteção de iões de crómio foi desenvolvida utilizando um sensor à base de rodamina (**21**). Foram produzidos diferentes resultados colorimétricos e de fluorescência no sensor quando o espirociclo da rodamina foi aberto pelo crómio (III). A forte seletividade foi demonstrada pelo facto de apenas o Cr^{3+} de todos os iões testados ter apresentado uma amplificação significativa da fluorescência até 13 vezes. A análise fluorescente in vivo do Cr^{3+} em C. *elegans* foi utilizada com êxito. Os resultados ofereceram uma forte justificação para a futura avaliação do Cr^{3+} em aplicações relacionadas com o ambiente e amostras de cigarros (**Figura 12a**). [40] Foi criado o diarileteno fotocrómico contendo a unidade 1,8-naftalimida-rodamina B (**22**). As suas caraterísticas fotoquímicas foram objeto de um estudo aprofundado. O diarileteno pode reagir com êxito a protões, à luz e a certos iões metálicos como estímulos.

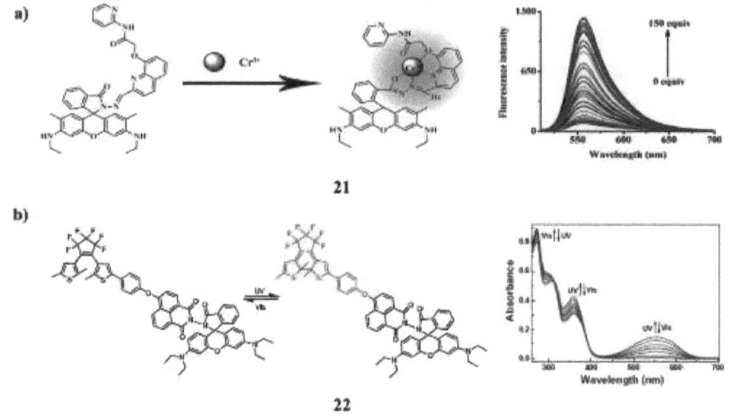

Figura 12. a). Aplicação biológica do sensor de crómio fluorescente à base de rodamina (**21**). b). Estudo colorimétrico do sensor fluorescente de Cr do grupo naftalimida-rodamina B^{3+} (**22**).

A abertura da fração RhB provoca uma forte fluorescência a 603 nm, seguida de uma mudança de tonalidade de incolor para púrpura quando activada por Cr^{3+} . O resultado sugere que o diarileteno pode funcionar como um sensor colorimétrico fluorescente para o Cr^{3+} em acetonitrilo. Além disso, foi criado um circuito lógico que utiliza a intensidade da fluorescência a 603 nm como saída e os estímulos do circuito combinacional de UV/Vis e Cr^{3+} /EDTA como entradas (**Figura 12b**). [41]

O ião Cr^{3+} numa solução CH_3 CN-H_2 O foi também detectado utilizando um novo sensor de fluorescência baseado na rodamina (**23**), que se revelou extremamente sensível e seletivo. A forte amplificação da fluorescência na presença do ião Cr^{3+} é atribuível à interação com o Cr^{3+} , que provoca a abertura do anel espirolactâmico do RhB para a forma amida. Além disso, é apoiado pelo gráfico de Job, ESIMS, e estudos de titulação NMR. Significativamente, apresenta uma excelente seletividade em relação a outros iões metálicos fisiologicamente importantes. Descobriu-se também que o limite de deteção é de até 7,5 nM, o que é satisfatório dentro do padrão EPA. Pode também funcionar numa vasta gama de pH biológico de 4 a 8. Demonstra também penetrabilidade celular para possível aplicação na investigação de imagiologia celular confocal (**Figura 13a**). [42] Uma sonda baseada em RhB (**24**) utiliza a técnica FRET para localizar iões Cr^{3+} em tampões aquosos de acetonitrilo. Pode detetar tão pouco como $1,81\times10^{-6}$ M Cr^{3+} e tem uma eficiência FRET superior com uma constante de associação de $15,9 \times 10^4$ M^{-1} . Utilizaram com êxito um microscópio fluorescente para visualizar de forma ratiométrica e dependente do tempo o Cr^{3+} intracelular em células vivas Hep3B, MCF-7, HeLa, SiHa e HEK 293T. A forte evidência apoia os resultados experimentais da titulação por RMN e dos estudos DFT (**Figura 13b**). [43]

a)

23

b)

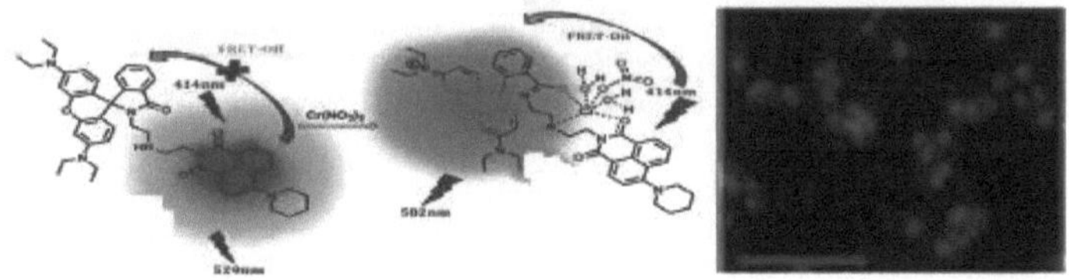

24

Figura 13. a). Estudos de imagiologia celular confocal do quimiossensor Cr^{3+} baseado na rodamina-ciclohexano diamina (**23**). b). Deteção ratiométrica de 1,8 Naftalimida ancorando o sensor de Cr baseado em RhB^{3+} (**24**).

Foi também criado e caracterizado o dendrímero de poli (amidoamina) (PAMAM) (**25**) com uma unidade de rodamina B no núcleo e uma unidade de 1-fenil-3-metil-5-pirazolona na periferia. A sua intensidade de fluorescência aumenta consideravelmente na presença de protões e de catiões metálicos, especialmente Cr^{3+} . O complexo que se forma entre o dendrímero e o Cr^{3+} em solução de etanol foi também investigado tendo em conta a potencial aplicação de um sensor de fluorescência Cr^{3+} . Foram feitas investigações sobre os efeitos da estrutura química distintiva do produto e a subsequente transferência de electrões fotoinduzida juntamente com a abertura do anel de espirolactama (**Figura 14a**). [44] Os cientistas desenvolveram uma sonda de fluorescência ótica OFF-ON (**26**) para identificar o Cr(III) numa solução EtOH/K HPO_{24} . Esta sonda foi também utilizada para estudar o Cr(VI) na presença de tióis celulares microscópicos chamados glutatião e ácido ascórbico, que são exemplos de redutores celulares. No tubo de ensaio, o Vc tem uma taxa de deteção mais elevada, mas na solução EtOH/K HPO_{24} , o GSH é mais eficaz no aumento da fluorescência. O limite de deteção de Cr(VI) do sistema GSH a pH = 6,2 foi determinado em 0,06 μM. Além disso, as investigações com imagens de microscópio confocal mostraram que o Cr(VI) pode ser rapidamente convertido em Cr(III) nas células e que o Cr(III) resultante pode ser fotografado. Estas técnicas devem ser aplicadas de forma mais alargada para compreender plenamente a base molecular dos efeitos biológicos do Cr (III) (**Figura 14b**). [45]

a)

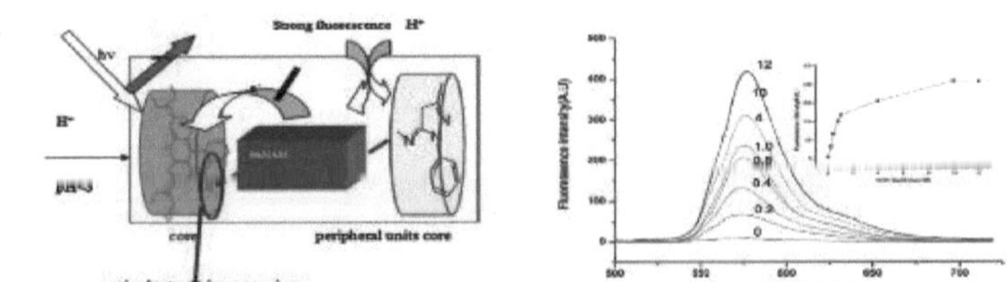

25

b)

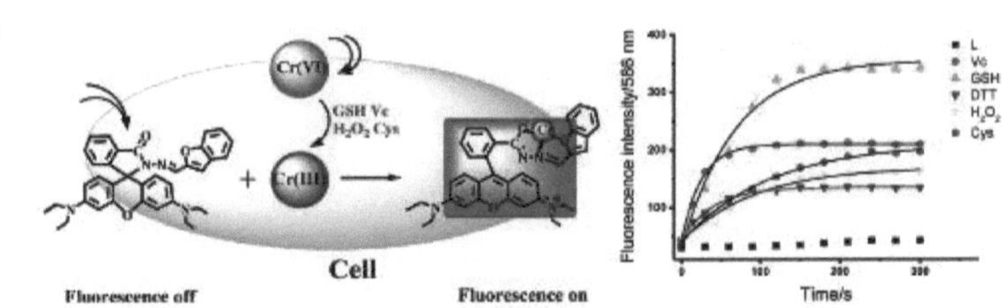

26

Figura 14. a). Propriedades fotofísicas do sensor fluorescente de Cr^{3+} baseado em dendrímero de poli (amidoamina) com núcleo de rodamina (**25**). b). Estudo de fluorescência do sensor fluorescente de crómio(III) baseado em RhB (**26**).

Além disso, foi desenvolvida uma sonda fluorescente à base de crómio trivalente (Cr^{3+}) conjugada com rodamina-coroa e éter de coroa (**27**), fabricada pelo processo da base de Schiff. Em comparação com muitos outros iões metálicos frequentemente encontrados, mostrou uma seletividade ideal para o Cr^{3+} . Verificou-se que o limite de deteção era de 1,5 μmol L^{-1} . O rácio de ligação foi determinado como sendo de 1:2 com base no gráfico de Job e nos dados HR-MS. Foi utilizado com êxito para examinar amostras de água potável contaminadas com Cr^{3+} . As recuperações médias variaram entre 104,9% e 106,9% ao nível de concentração aumentado de 10,00 μmol L^{-1} , e os resultados foram comparáveis aos obtidos por espetrometria de absorção atómica (AAS). Além disso, tem um aumento de fluorescência que indica que pode ser utilizado para detetar Cr^{3+} em células vivas (**Figura 15a**). [46]

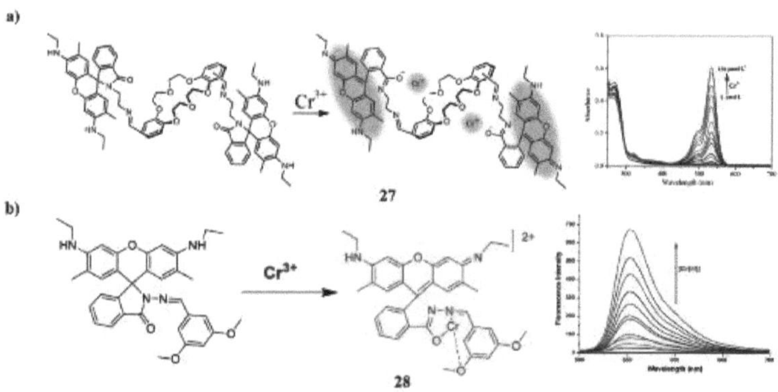

Figura 15. a). Aplicação na água potável do sensor Cr^{3+} conjugado com rodamina-éter de coroa (**27**). b). Estudo DFT do quimiossensor de crómio(III) à base de rodamina (**28**).

A rodamina foi utilizada para criar uma nova sonda fluorescente e colorimétrica off-on amplamente acessível (**28**). Numa solução aquosa, demonstrou um reconhecimento sensível e seletivo do Cr^{3+} sem interferência discernível de iões metálicos concorrentes. A transferência interna de carga foi responsável pelas alterações fotofísicas observadas quando os iões Cr(III) foram adicionados à sonda. As variações observadas na emissão de fluorescência e na absorção no UV-visível foram validadas por DFT. Além disso, foi utilizada para obter imagens fluorescentes de base fisiológica de Cr^{3+} em células HeLa (**Figura 15b**). [47] Foi criado um quimiossensor altamente sensível para o Cr^{3+} utilizando um sensor multissinal (**29**) baseado em RhB com um substituinte ferroceno. Na presença de Cr^{3+} , verificou-se que a fluorescência aumentava, tendo sido também observadas alterações nos parâmetros electroquímicos e nos espectros de absorção. Além disso, a investigação utilizando a microscopia confocal de varrimento a laser demonstrou que pode ser utilizada como uma sonda fluorescente para monitorizar o Cr^{3+} em células vivas (**Figura 16a**). [48]

a)

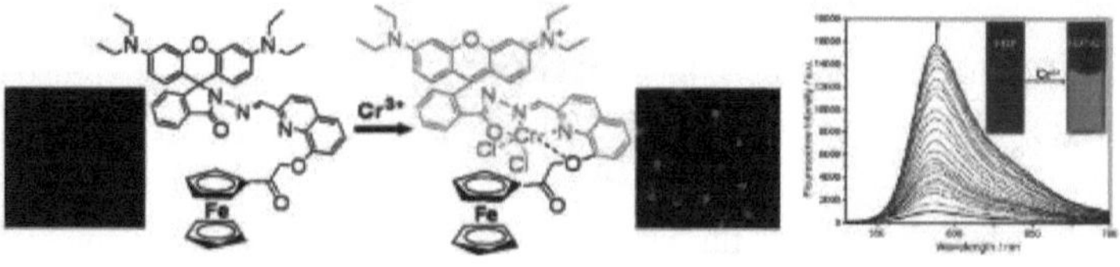

29

b)

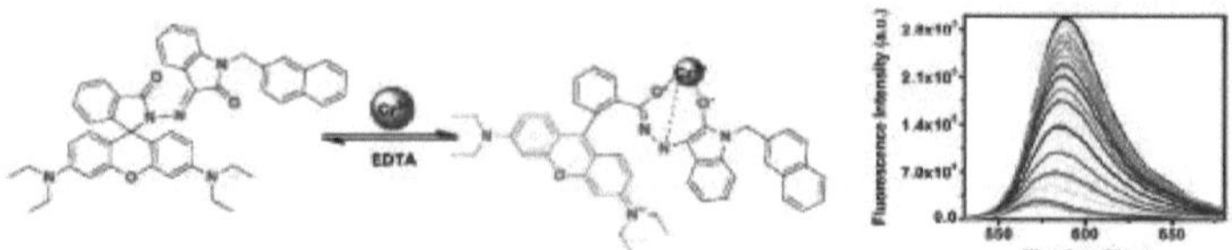

30

Figura 16. a). Estudo confocal de varrimento a laser do quimiossensor multissinal Cr^{3+} (**29**). b). Estudo de fluorescência do quimiossensor de Cr^{3+} baseado numa estrutura de rodamina-isatina (**30**).

A condensação do derivado de isatina com hidrazida de rodamina resultou na criação de um novo corante fluorescente de ativação (**30**) baseado numa arquitetura molecular híbrida rodamina-isatina. Em comparação com outros iões metálicos estudados, é sensível e seletivo no reconhecimento de iões Cr^{3+} num meio aquoso de CH_3 CN. Passa de incolor a vermelho-rosa em simultâneo com um aumento notável da fluorescência após complexação com Cr^{3+} . O limiar de deteção do ião Cr^{3+} previsto para este corante é de 2,4 μM. Foi também demonstrada a capacidade deste corante para detetar a presença de iões Cr^{3+} em amostras de água da torneira e de água de lago (**Figura 16b**). [49]

A cumarina conjugada com rodamina (**31**) foi também utilizada para construir um quimiossensor de fluorescência seletivo para detetar vestígios de iões

Cr^{3+} em misturas de acetonitrilo e água. A adição de iões Cr^{3+} a soluções de MeCN/H_2 O aumenta a intensidade da emissão de fluorescência do quimiossensor devido à formação de um complexo específico 1:1 entre os iões Cr^{3+} . Com um limiar de deteção de $7,5 \times 10^{-8}$ M, a relação entre o aumento da fluorescência e as concentrações de Cr^{3+} é constante de $1,0 \times 10^{-7}$ a $1,8 \times 10^{-5}$ M. Em contraste com outros iões metálicos comuns, revelou-se extremamente seletivo para os iões Cr^{3+} . Pode ser utilizado para medir as concentrações de Cr^{3+} em várias amostras de água e de águas residuais (**figura 17**). [50]

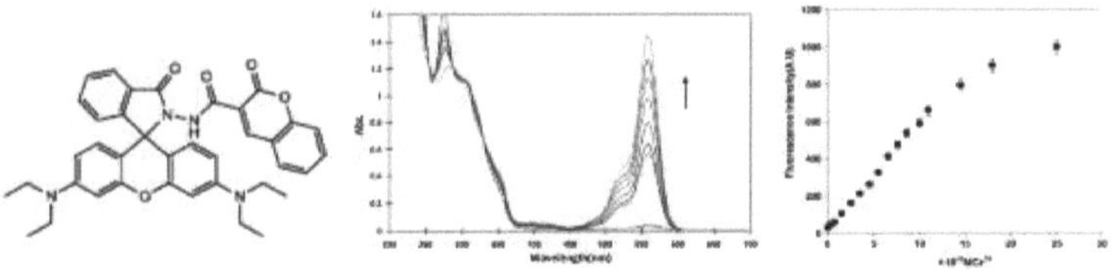

31

Figura 17. Estudo de amostras de águas residuais do sensor Cr^{3+} baseado em cumarina conjugada com rodamina (**31**).

Os sensores de crómio à base de rodamina oferecem um meio sensível e seletivo de deteção de iões de crómio, com aplicações na monitorização ambiental, segurança industrial e investigação biomédica. O seu mecanismo de ação, que utiliza a ligação selectiva dos iões de crómio aos corantes de rodamina, permite a medição de alterações ópticas, que podem ser detectadas através de várias técnicas espectroscópicas e colorimétricas. A investigação em curso centra-se no aumento da sua sensibilidade, seletividade e tempo de resposta, bem como no desenvolvimento de dispositivos sensores portáteis para monitorização no local. Com mais avanços, estes sensores são muito promissores para responder à necessidade crítica de deteção fiável do crómio em diversos campos.

4. SENSORES DE COBRE À BASE DE RHODAMINA (Cu)$^{2+}$

A sonda à base de rodamina (**32**) apresenta uma reação de amplificação de fluorescência selectiva e precisa, mediada pelo modo de ligação 1:1, quando exposta ao Cu^{2+} numa solução aquosa. Mostrou sensibilidade cruzada a diferentes iões metálicos amplamente coexistentes. A conceção molecular pode desempenhar um papel significativo na criação de sondas à base de rodamina que sejam mais eficazes e úteis. A imagiologia fluorescente em células HeLa revela um valor biológico excecional. Espera-se que avance consideravelmente a investigação sobre os impactos do Cu^{2+} em sistemas biológicos **(Figura 18a)**. [51] O xantano é utilizado no RhCHN (**33**), um sensor colorimétrico e fluorescente "ON-OFF" que é utilizado opticamente para detetar e identificar partículas de Cu^{2+} . As investigações por RMN, IV e LC-MS/MS foram utilizadas para determinar a sua composição estrutural. Entre os iões metálicos testados, apenas a adição de iões Cu^{2+} à sonda em solução tampão resultou numa mudança imediata de cor, de incolor para púrpura, visível a olho nu. Esta mudança de cor foi acompanhada por aumentos máximos nos espectros de emissão fluorescente e de absorção da sonda a 565 e 588 nm, respetivamente. Só entre os iões metálicos inicialmente aplicados é que a sonda mostrou uma excecional seletividade e sensibilidade aos iões de cobre.

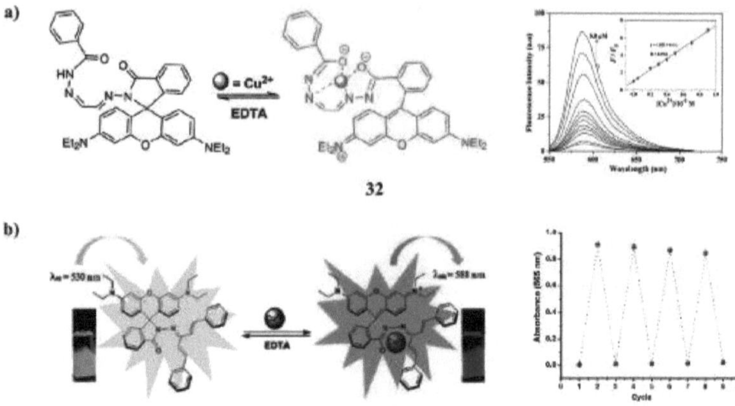

33

Figura 18. a). Imagens fluorescentes de iões de cobre(II) à base de rodamina-espirolactama (**32**). b). Espectros de absorvância do derivado RhB para reconhecimento seletivo de iões Cu^{2+} (**33**).

Prevê-se que o ião Cu^{2+} e o RhCHN formem um complexo com uma estequiometria de coordenação 1:1 (RhCHN:$Cu^{2+)}$ com base na técnica de Job's plot. É provável que se tenha formado um forte contacto de ligação entre o Cu^{2+} e o RhCHN em resultado do processo de abertura do anel de espirolactama. De acordo com as aplicações analíticas, a sonda cromogénica e fluorogénica de dupla resposta RhCHN pode ser utilizada para visualizar e detetar diretamente o Cu^{2+} em meio aquoso com um limite de deteção adequado para os iões de cobre (**Figura 18b**). [52] Além disso, o recetor à base de rodamina (**34**) foi criado como quimiossensor fluorescente e colorimétrico para Cu^{2+} . A sua seletividade e caraterísticas fotofísicas para diferentes iões metálicos foram identificadas utilizando métodos espectroscópicos de UV-visível e de fluorescência. Após a adição de cobre, foi fácil mudar a tonalidade de incolor para cor-de-rosa e de não-fluorescente para verde-amarelado brilhante. Os resultados da análise por RMN de protões e o gráfico de Job foram utilizados para construir as estruturas metálicas de ligação propostas. Foram efectuados estudos de imagiologia celular para avaliar se os quimiossensores poderiam ser utilizados em sistemas biológicos. Os resultados mostraram que a viabilidade celular não diminuiu abaixo de 80% em qualquer concentração. Foram adicionados às células para obter imagens de fluorescência e efetuar a imagiologia celular. De um modo geral, verificou-se que os quimiossensores eram permeáveis às células, não eram tóxicos e eram úteis nas células (**Figura 19a**). [53] Para identificar visualmente Cu^{2+} e S^{2-} numa solução tampão aquosa, foi criado um novo quimiossensor fluorescente seletivo (**35**) baseado num derivado de RhB. Como um sensor do tipo "ligado", a fluorescência pode ser utilizada porque o Cu^{2+} o energizou com uma relação de ligação de 1:1. Caso contrário, haveria um pequeno desvio para o vermelho na banda de emissão.

a)

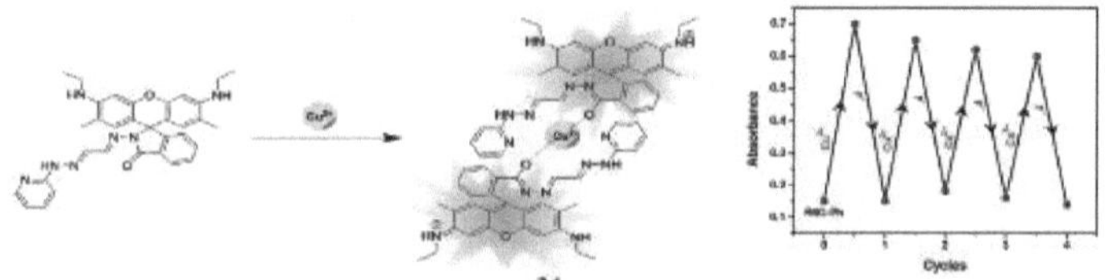

34

b)

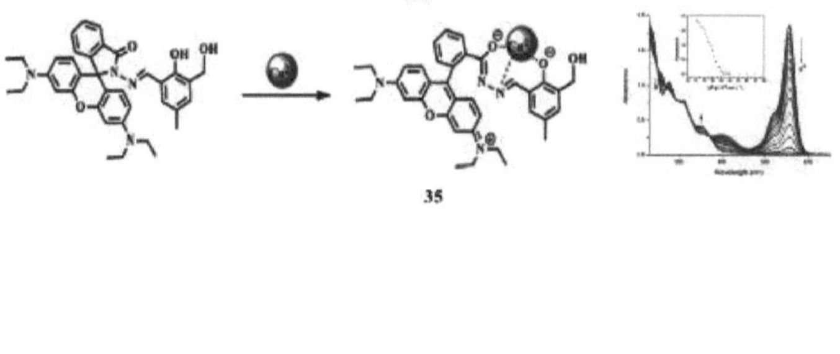

35

Figura 19. a). Aplicação de bioimagem de quimiossensores colorimétricos de Cu^{2+} à base de rodamina (**34**). b). Estudo UV do sensor fluorescente de Cu^{2+} baseado em rodamina B (**35**).

Os complexos de cobre podem apresentar uma forte seletividade para S^{2-} após ligação com Cu^{2+} . A tonalidade do quimiossensor muda de incolor para cor-de-rosa quando se adiciona Cu^{2+} . Além disso, a solução cor-de-rosa que resulta da adição de S^{2-} torna-se rapidamente incolor. Não foi observada qualquer alteração percetível na ausência de aniões adicionais. As variações de cor implicam, em última análise, que o sensor pode funcionar como um sensor "a olho nu" para Cu^{2+} e S^{2-} (**Figura 19b**). [54] As detecções colorimétricas sequenciais de iões Cu(II) e pirofosfato (PPi) num meio semi-aquoso CH_3 CN-H_2 O foram realizadas utilizando dois derivados de hidrazina de rodamina (**36**) com funcionalidades de catecol e éter. São particularmente dignas de nota as sondas colorimétricas à base de rodamina utilizadas para a deteção simultânea do anião PPi e do ião Cu^{2+} . As reacções colorimétricas significativas após exposição a iões Cu^{2+} levaram ao cálculo de limites de deteção tão baixos como $1{,}22 \times 10^{-8}$ M e $8{,}0 \times 10^{-7}$ M, respetivamente. Isto sugere a utilidade das sondas produzidas para a deteção direta de iões Cu^{2+} . Além disso, ao adicionar sucessivamente iões PPi aos complexos sensores. As variações de cor, do cor-de-rosa ao incolor, serviram de confirmação. Além disso, os estudos computacionais DFT revelaram novas informações sobre as estruturas HOMO-LUMO dos complexos de cobre e dos derivados de rodamina. Além disso, foi adicionada uma aplicação em tempo real às detecções colorimétricas baseadas em tiras de estado sólido do ião Cu^{2+}

(**Figura 20a**). [55] Utilizou-se um espetrómetro de fluorescência para analisar o comportamento do ião metálico Cu(II) em relação ao quimiossensor híbrido de sílica fibrosa com núcleo e concha magnetizados (**37**) que foi desenvolvido. A sonda está ligada covalentemente à superfície do nanocompósito de sílica fibrosa com núcleo magnético. Conseguiram obter a seletividade para Cu(II) numa solução aquosa, mas não se observaram alterações nos espectros para outros iões metálicos concorrentes. As propriedades do material sintetizado foram investigadas utilizando imagens TEM, SEM-EDS, BET, FT-IR, difractometria de raios X e TGA. O derivado de RhB contém uma sonda de sinalização única que exibe uma amplificação de fluorescência quando detecta um ião Cu(II) com uma excitação a 569 nm. Foram atingidos o limite de deteção de 12,3 × 10^{-8} M e a linearidade do gráfico de Stern-Volmer. No final, foi posto à prova para encontrar iões Cu(II) em várias amostras de água genuínas (**Figura 20b**). [56]

a)

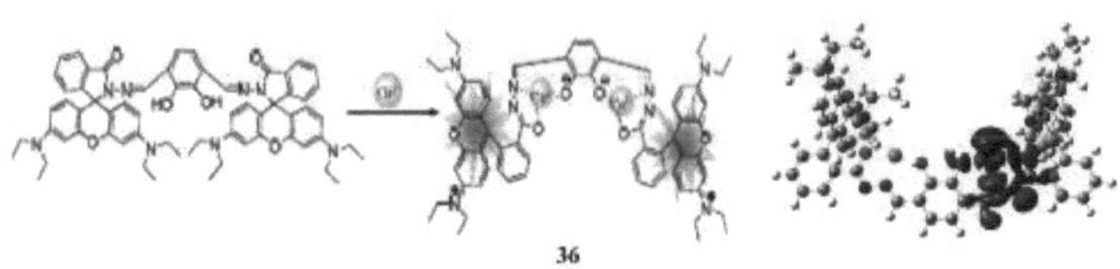

36

b)

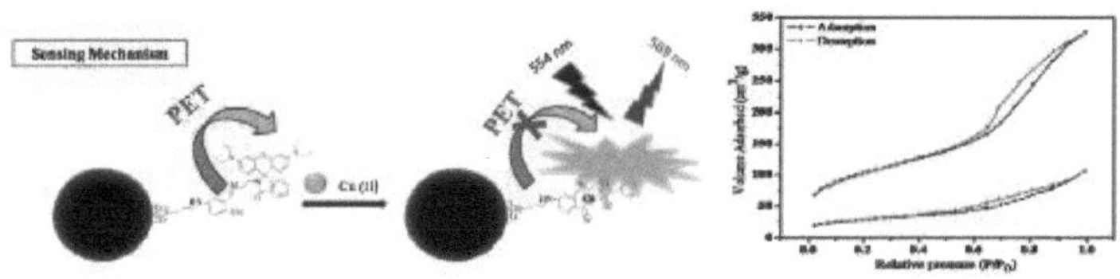

37

Figura 20. a). Estruturas HOMO-LUMO de sensores colorimétricos de Cu(II) à base de rodamina (**36**). b). Reação de nanocompósito híbrido de rodamina para quimiossensor de Cu(II) (**37**).

Além disso, um novo derivado de rodamina funcionalizado com indol (**38**) liga-se seletivamente ao Cu^{2+} na presença de uma abundância de outros iões concorrentes, causando modificações visíveis no seu comportamento elétrico e no espetro de fluorescência. As regiões do infravermelho próximo e do visível do espetro são suficientemente afectadas por estas alterações espectrais para permitir a deteção a olho nu. O procedimento que associa o indol dador e o fragmento de xanteno ligado ao Cu^{2+} recetor permite que o recetor seja utilizado como um sensor baseado na transferência de energia por ressonância (RET) para a deteção de Cu^{2+} . Estudos mostram que o complexo de Cu é completa e precisamente reversível na presença de aniões sulfureto. As experiências de microscopia de fluorescência mostram ainda que o reagente pode ser utilizado como uma sonda de imagem para monitorizar a absorção destes iões específicos em células HeLa (**Figura 21a**). [57]

a)

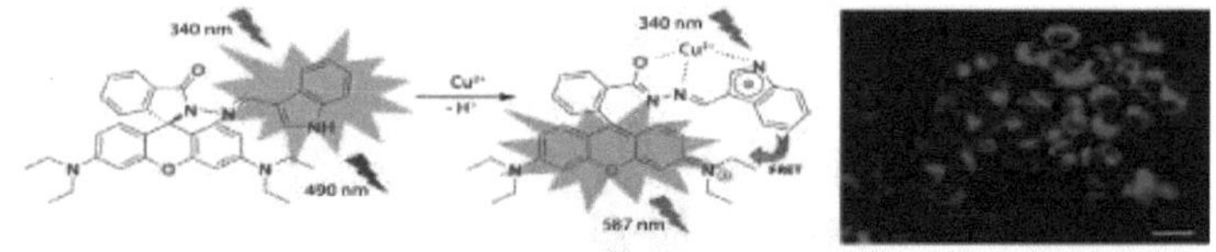

38

b)

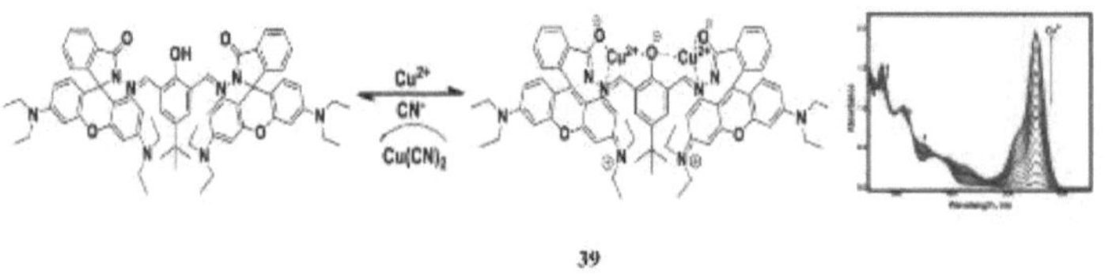

39

Figura 21. a). Condições fisiológicas do sensor Cu^{2+} baseado em FRET (**38**). b). Estudo colorimétrico do quimiossensor Cu^{2+} à base de bis(rodamina) (**39**).

A irradiação por micro-ondas foi utilizada para construir e criar um novo sensor (**39**) que contém rodamina B e uma unidade de 4-terc-butilfenol. Permite a deteção selectiva de Cu^{2+} formando um composto absorvente e estimulando a criação de uma espirolactama de anel aberto de cor viva. Foram efectuados cálculos, incluindo a absorvância, o gráfico de Job, o infravermelho (IR) e a teoria funcional da densidade dependente do tempo (TD-DFT), para examinar a capacidade de identificação do sensor (**Figura 21b**).[58] A síntese de novos derivados da rodamina B (**40**) foi detectada utilizando um sensor colorimétrico seletivo, tendo-se verificado uma mudança notável de incolor para rosa. Os resultados da espetroscopia UV-visível e de fluorescência indicaram relações lineares entre as quantidades de Cu^{2+} e em misturas de etanol e água. Uma vez que as tiras de teste foram criadas submergindo a celulose bacteriana (BC), determinou-se que a deteção a olho nu era mais prática e menos dispendiosa do que a espetroscopia. O sensor sólido resultante podia detetar a presença de Cu^{2+} na água, passando de incolor a cor-de-rosa. Quando a intensidade da cor e a concentração de Cu^{2+} foram representadas graficamente numa escala logarítmica, descobriu-se uma ligação linear entre as duas. Em comparação com o papel celulósico frequentemente utilizado, possuía uma maior uniformidade do tamanho das nanofibras e um rácio superfície-área-volume mais elevado, tornando-o uma substância viável para utilização em sensores colorimétricos (**Figura 22a**). [59] A hidrazida de rodamina B e o 3-bromo-5-metilsalicilaldeído foram combinados para criar o derivado de rodamina conhecido como hidrazona de rodamina B de 3-bromo-5-metilsalicilaldeído (**41**, BMSRH), que foi então desenvolvido como uma nova sonda colorimétrica para a deteção sensível e específica de Cu^{2+}. Quando se adiciona Cu^{2+} à solução de BMSRH, verifica-se uma rápida mudança de cor de incolor para vermelho e o aparecimento de uma nova banda clara a 552 nm nos espectros de absorção UV-vis. Esta alteração é atribuída à abertura da forma espirocíclica do BMSRH através da coordenação com o Cu^{2+} numa estequiometria 1:1; a constante de associação é calculada em $3{,}2\times10^4$ L-mol . $^{-1}$

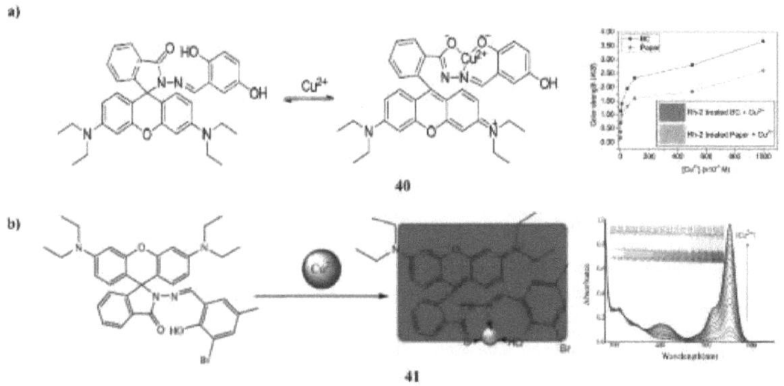

Figura 22. a). Aplicação em celulose bacteriana de um sensor colorimétrico de Cu(II) baseado em RhB (**40**). b). Espectros de absorção UV-vis do ião cobre(II) colorimétrico à base de rodamina (**41**).

Os resultados dos estudos mostram que o BMSRH tem uma gama dinâmica linear de 0,667-240 µmol/L e pode responder ao Cu^{2+} de forma rápida, precisa e sensível. A determinação de Cu^{2+} não é afetada por iões interferentes comuns. Prevê-se que a BMSRH seja uma forte sonda candidata com possível utilização na determinação de Cu^{2+} . Tem as seguintes vantagens uma síntese rápida, fácil e direta (**Figura 22b**). [60]

Foi criado um novo sensor colorimétrico conjugado com rodamina-benzotiazol (**42**), que demonstra o reconhecimento sequencial de Cu^{2+} e S^{2-} numa solução tampão CH_3 CN/HEPES. A combinação Cu^{2+} gerada pode funcionar como um sensor S^{2-} altamente seletivo, empregando a abordagem de deslocamento Cu^{2+} . Apresenta uma identificação muito sensível e selectiva de Cu^{2+} com um comportamento ratiométrico. As entradas Cu^{2+} e S^{2-} podem produzir uma porta lógica INHIBIT porque os procedimentos de reconhecimento Cu^{2+} e S^{2-} são rápidos e reversíveis (**Figura 23a**). [61] O quimiossensor de fluorescência à base de rodamina com uma unidade de 8-hidroxiquinolina (**43**) foi concebido como um quimiossensor reversível de ativação do Cu^{2+} . Em condições aquosas, apresenta uma reação fluorescente muito sensível ao Cu^{2+} com um aumento de 80 vezes na intensidade de fluorescência quando são introduzidos 10 equiv. de Cu^{2+} . Isto mostra que a grande afinidade do quimiossensor sintético pelo Cu^{2+} permitiu-lhe escapar com êxito à atenuação da fluorescência que teria ocorrido devido à natureza paramagnética do Cu^{2+} . Tem uma excelente seletividade para o Cu^{2+} em relação a outros iões de metais pesados e de transição (HTM), com uma gama de reação dinâmica para o Cu^{2+} de 2×10^{-7} a 5×10^{-5} M e um limite de deteção de 0,19 μM. Além disso, a alteração da fluorescência induzida pelo Cu^{2+} que se liga é utilizada na imagiologia celular (**Figura 23b**). [62]

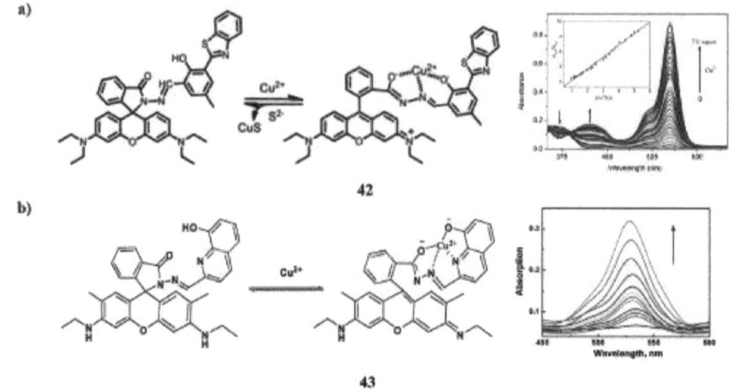

Figura 23. a). Estudo ratiométrico do sensor de cobre(II) conjugado com rodamina-benzotiazol (**42**). b). Imagem de células vivas do quimiossensor Cu^{2+}- baseado em rodamina-hidroxiquinolina (**43**).

A criação de um novo quimiossensor à base de rodamina (**44**, NRG) demonstrou uma grande sensibilidade, seletividade e resposta rápida para o Cu^{2+} , juntamente com mudanças notáveis na cor e na fluorescência. Além disso, o NRG é capaz de capturar eficaz e rapidamente o Cu^{2+} numa solução aquosa, para além de detetar o Cu^{2+} . Os resultados foram utilizados para gerar bolas de gel funcionalizadas com NRG, que demonstraram uma mudança de cor notável, uma capacidade de absorção substancial e uma elevada capacidade para Cu^{2+} . As bolas de gel podem ser reutilizadas depois de serem tratadas com uma solução de EDTA. A bola de gel é uma excelente escolha para a purificação de iões de cobre devido a estas excelentes qualidades (**Figura 24a**). [63] O derivado de rodamina (**45**) foi formado como uma sonda de fluorescência para o cobre (Cu^{2+}) e o hipoclorito

(ClO^-). Na presença de iões Cu^{2+} ou ClO^- numa solução aquosa, apresentam uma alteração na ativação da fluorescência a 587 nm com uma mudança de cor de incolor para cor-de-rosa.

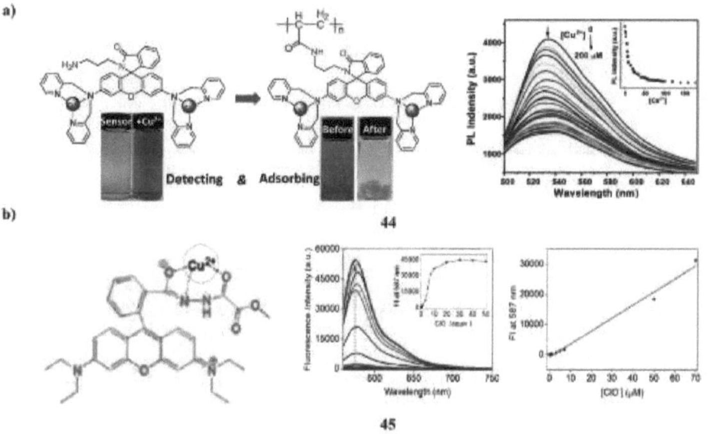

Figura 24. a). Estudo de deteção e adsorção do quimiossensor de cobre (II) à base de rodamina (**44**). b). Estudo de fluorescência da estrutura de hidrazida de rodamina para sensor de Cu (II) (**45**).

O anel de espirolactama da porção de rodamina abriu-se como resultado da ligação do ião Cu^{2+} numa estequiometria 1:1, de acordo com o gráfico de Job, ESI-Mass e análises de RMN[1] H, activando a fluorescência. O ião foi submetido a oxidação e hidrólise mediadas por hipoclorito na presença de ClO^- para criar uma rodamina B aberta em anel com intensificação da fluorescência. No entanto, não foram observadas alterações semelhantes no caso de aniões, espécies redox reactivas ou outros iões metálicos. Além disso, pode facilmente reagir com ClO^-

para produzir um aumento caraterístico da fluorescência, bem como uma cor rosa, mesmo na presença de numerosas espécies concorrentes (**Figura 24b**). [64]

Um procedimento "one-pot", utilizando etanol como solvente verde, foi utilizado para construir e criar o novo quimiossensor (**46**), que se baseia na rodamina B ligada a um anel tetraazamacrocíclico. Foram caracterizados utilizando espectros de fluorescência, UV e RMN. Foi identificado como não tendo emissão de cor em pH neutro, uma emissão de cor rosa em pH ácido e uma emissão de cor magenta em pH ácido na presença de iões de cobre (II). Foram utilizados outros iões metálicos para testar e confirmar a sensibilidade aos iões de cobre (II). O limite de deteção do espetro de fluorescência foi de $4{,}38 \times 10^{-8}$ M (**Figura 25a**). [65] Um novo quimiossensor (**47**) baseado na forma de espirolactama da hidrazona da rodamina 101 (III) apresenta uma resposta colorimétrica reversível ao Cu^{2+} em soluções aquosas, de forma selectiva, sensível e rápida, em resultado da criação de um complexo de Cu(II). Entre os quimiossensores de rodamina, o máximo de absorvância dominante a 584 nm é o único que é desviado para o vermelho em direção ao Cu^{2+} . A fluorescência pode ser detectada em concentrações baixas de Cu^{2+} . Os resultados mostraram que foi possível obter um sensor colorimétrico eficaz para o Cu^{2+} na região vermelha (**Figura 25b**). [66]

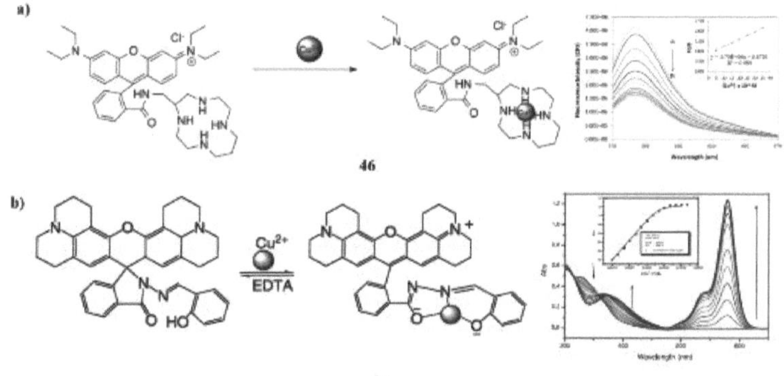

Figura 25. a). Sensor fluorescente de Cu(II) baseado em RhB macrocíclico dependente do pH (**46**). b). Espectros UV da hidrazona de rodamina 101 para o quimiossensor de Cu (II) (**47**).

Os sensores de cobre à base de rodamina permitem a deteção selectiva e a quantificação de iões de cobre através da química de coordenação, encontrando aplicações na monitorização ambiental, imagiologia biológica e química analítica. Os actuais esforços de investigação visam melhorar a sensibilidade, a seletividade e a versatilidade dos sensores de cobre à base de rodamina. Isto envolve o desenvolvimento de modelos avançados de sensores adaptados a ambientes biológicos complexos, melhorando a sua resistência à fotodegradação e integrando-os em plataformas portáteis para permitir a monitorização em tempo real. Estes avanços são promissores para expandir a utilidade dos sensores de cobre à base de rodamina em vários domínios, indicando um futuro brilhante para o seu desenvolvimento e aplicação contínuos.

5. SENSORES DE FERRO À BASE DE RHODAMINA (Fe^{2+} & Fe $)^{3+}$

Foram concebidos e criados novos sensores de fluorescência reversíveis (**48**) para Fe^{3+} utilizando Rh6G, que contém átomos de tri-oxigénio dos grupos amida. Apresenta grande sensibilidade, elevada seletividade, permeabilidade à membrana celular e citotoxicidade mínima. Tem também uma resposta significativa de ativação da fluorescência em água praticamente pura à temperatura ambiente. As caraterísticas vantajosas do novo sensor permitem-nos utilizá-lo com êxito para bioimagem de Fe^{3+} em células vivas. Prevê-se que o novo ligando Fe^{3+} baseado no grupo amida tri-oxigénio seja útil para a criação de uma vasta gama de sensores fluorescentes reversíveis de Fe^{3+} baseados em vários corantes **(Figura 26a)**. [67] A espirolactama rodamina e a dansilamida foram acopladas através do ionóforo Fe^{3+} N2-hidroxietil dietilenotriamina para fornecer uma sonda fluorescente reversível (**49**).

a)

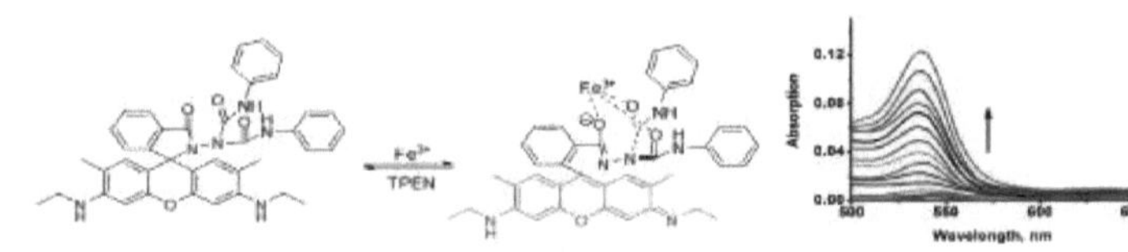

48

b)

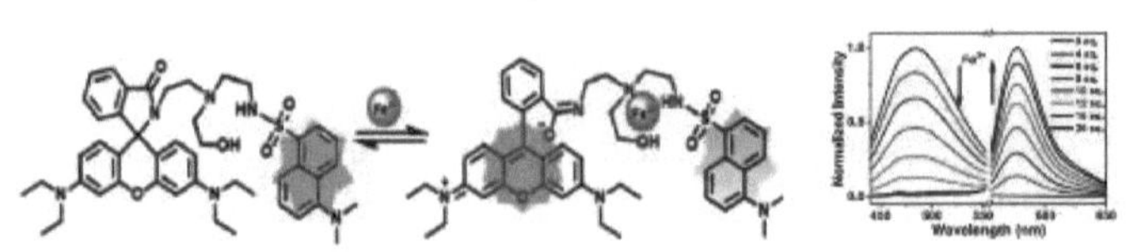

49

Figura 26. a). Aplicação de bioimagiologia do sensor reversível e fluorescente de Fe^{3+} à base de rodamina (**48**). b). Estudo de ferroptose do sensor de Fe^{3+} baseado em rodamina FRET (**49**).

A ressonância de fluorescência pode então ser utilizada para comutar a transferência de energia intramolecular para a deteção ratiométrica de Fe^{3+} na rodamina B, que é gerada durante a quelação de Fe^{3+} . Esta resposta ratiométrica foi utilizada com êxito para seguir as flutuações do Fe lábil^{3+} nas células em processo de ferroptose, uma vez que apresenta um desvio de emissão exclusivo do Fe^{3+} de 483 para 576 nm **(Figura 26b)**. [68] As concentrações de iões Fe(III) entre outros iões metálicos na água são detectadas de forma sensível e específica por um conjugado NP de Fe O_{34} -Rh6G-LEDA (**50**) com limites de deteção tão baixos como 2 ppb. Devido à sua fraca solubilidade, só pode identificar o ferro em concentrações superiores a 0,4 ppm. Na presença de iões metálicos adicionais, a capacidade de deteção selectiva é fraca. São fornecidas mais provas da capacidade do conjugado NP para detetar Fe(III) com sensibilidade em células HeLa, sugerindo possíveis utilizações para esta técnica de deteção no rastreio e monitorização biológica do ferro. Este método de deteção pode ser combinado com a capacidade das NPs de Fe O_{34} de separar magneticamente os materiais para proporcionar um método rápido de enriquecimento e deteção extremamente sensível de Fe(III) numa variedade de contextos biológicos **(Figura 27a)**. [69]

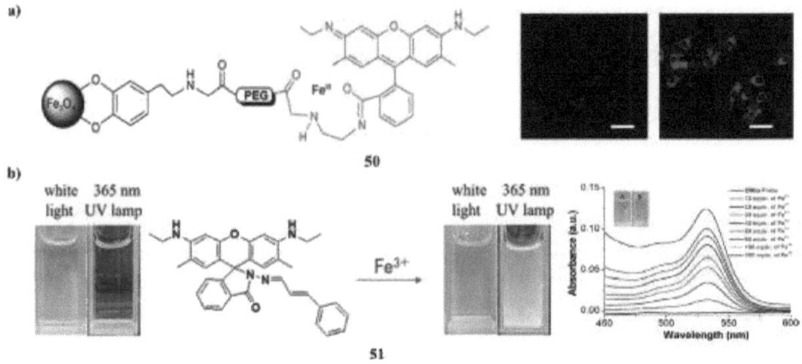

Figura 27. a). Aplicação biológica de nanopartículas de Fe modificadas com rodamina O_{34} Deteção selectiva de ferro (III) (**50**). b). Espectros de absorvância do sensor de Fe baseado em Rodamina $6G^{3+}$ (**51**).

Um derivado da rodamina serviu de base para o desenvolvimento de uma sonda fluorescente de Fe^{3+} (**51**, CRho) com uma ampla gama de resposta de 0-400 μM. Numa solução CH_3 CN/H_2 O, demonstrou uma elevada seletividade para o Fe^{3+} em relação a outros iões metálicos. Além disso, o limite de deteção do Fe^{3+} situa-se na gama micro de concentração, sendo muito sensível ao Fe^{3+} . Permitem também a utilização da análise colorimétrica para o Fe^{3+} . A abertura do anel da espirolactama gerada pela interação do Fe^{3+} com a sonda deu origem aos resultados espectroscópicos **(Figura 27b).** [70] A criação de um sensor de catiões (**52**) fez uso extensivo dos compostos ionóforos 8-aminoquinolina (8-AQ) e 2-aminopiridina (AmPyr). Foram construídos com êxito dois potenciais sensores de fluorescência utilizando a 2-aminopiridina flexível e o 8-AQ rígido, que foram imediatamente incorporados no cromóforo da rodamina para avaliar os efeitos da complexação com catiões. Em relação a outros iões metálicos biologicamente relevantes numa solução aquosa, apresentou respostas de fluorescência e cor quando exposto a Fe^{3+} . Apesar de ter uma cavidade de ligação comparável à do Rh-AQ, o sensor flexível de 2-aminopiridina não respondeu bem aos catiões. Os testes de imagem de células vivas também mostraram que o Rh-AQ pode ser utilizado com êxito como agente de bioimagem para monitorizar o Fe^{3+} em células vivas **(Figura 28a)**. [71] As sondas de nitróxido ligadas à cumarina e à rodamina (**53**) devem ser activadas adequadamente para detetar o Fe^{2+} em solução e em células vivas. Devido a uma interação redox específica entre a sonda e o Fe^{2+} , verificou-se um desvio caraterístico dos sinais EPR, bem como uma melhoria do sinal de fluorescência. A resposta de ativação da fluorescência em relação ao Fe^{2+} permite a imagiologia subcelular do Fe endógeno^{2+} , bem como em condições de suplementação ou depleção externa de ferro devido à reserva lábil de Fe^{2+} presente nas mitocôndrias das células primárias de fibroblastos humanos. A propriedade magnética da sonda foi utilizada para confirmar a deteção e o mecanismo utilizando a espetroscopia (EPR) em soluções e células **(Figura 28b)**. [72]

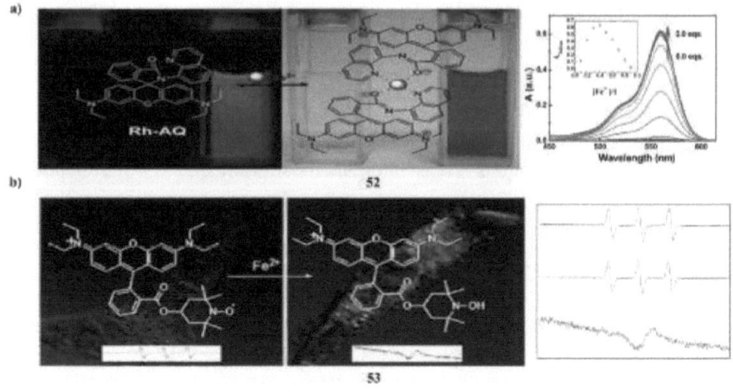

Figura 28. a). Estudo fotofísico do sensor fluorescente off-on de Fe^{3+} baseado em rodamina-8-aminoquinolina (**52**). b). Estudo de imagiologia subcelular de sondas fluorescentes para deteção de Fe^{2+} (**53**).

Foi criada uma nova sonda fluorescente (**55**, RH-Fe) baseada na rodamina B lactama como um quimiossensor colorimétrico e fluorescente para Fe^{3+} . Foi estudada utilizando a emissão de fluorescência e a espetroscopia de absorção UV-vis. O RH-Fe mudou visivelmente de incolor para cor-de-rosa e registou uma amplificação considerável da fluorescência após ter sido exposto ao Fe^{3+} , o que pode ser visto a olho nu. Descobriu-se que o complexo RH-Fe para Fe^{3+} tem uma estequiometria de 1:1 e o limiar de deteção foi estabelecido em 0,27 μM. Os resultados indicam que a sonda pode constituir um meio prático de deteção visual altamente sensível do Fe^{3+} **(Figura 29a)**. [73]

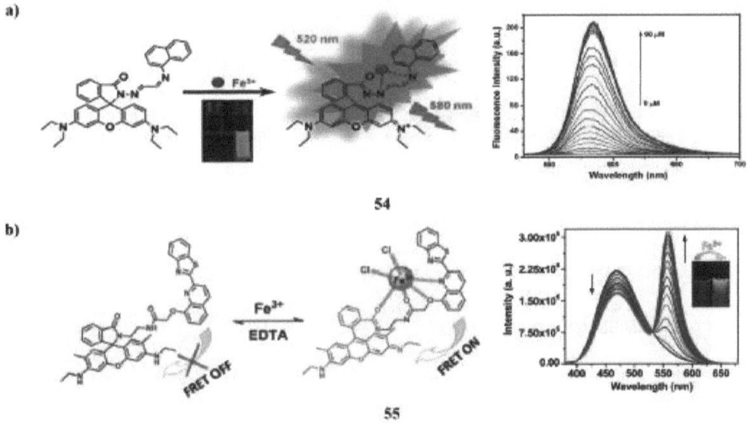

Figura 29. a). Estudo da emissão de fluorescência do quimiossensor de Fe^{3+} à base de rodamina (**54**). b). Estudo colorimétrico e ratiométrico da fluorescência baseada em FRET do sensor de Fe^{3+} baseado em rodamina (**55**).

O Rh6G está ligado a derivados de quinolina conjugados com benzotiazol (**56**) que funcionam como um interrutor eficaz de molécula única baseado em FRET para Fe^{3+} . O seu exame de raios X de cristal único forneceu a confirmação. O sensor apresenta uma resposta ratiométrica de fluorescência rápida que é exclusiva do Fe^{3+} e torna simples a deteção do Fe^{3+} a olho nu. Em comparação com outros catiões importantes para o ambiente, só é extremamente seletivo para o Fe^{3+} . Além disso, descobriu-se que a gama de 10^{-8} M servia como limite de deteção para a identificação de Fe^{3+} **(Figura 29b).**[74]

O quimiossensor à base de rodamina de coordenação dupla (**56**) utiliza átomos dadores de NO para detetar selectiva e rapidamente o Fe^{3+} na presença de todos os iões metálicos fisiologicamente significativos e perigosos, bem como de outras espécies reactivas de oxigénio e azoto. Tem um limite de deteção menor (0,17μM) e uma constante de formação relativamente maior. Foi estabelecido, através de uma investigação exaustiva que inclui UV-Vis, fluorescência, testes de fusão ótica e dicroísmo circular, que o complexo interage com o ADN de uma forma de ligação ao sulco. As investigações de competição utilizando Hoechst e DAPI, em particular, fornecem um forte apoio a este método de ligação e refutam a intercalação. As leituras negativas de G^0 e positivas de S^0 da técnica calorimétrica atestam a espontaneidade da ligação do Fe^{2+} ao ADN. O material composto de sensor/ADN resultante poderá eventualmente ser um forte candidato para aplicações biológicas e fotónicas **(Figura 30a)**. [75] Foi desenvolvida uma nova sonda fluorescente (**57**, R6GES) baseada na Rodamina 6G para detetar o Fe^{3+} . A espirolactama da unidade de rodamina sofre abertura do anel e hidrólise como resultado. Para outros iões metálicos importantes para a biologia. Em circunstâncias semelhantes, não se registou praticamente nenhuma alteração. Estes resultados sugerem que as sondas podem detetar o Fe^{3+} sem serem prejudicadas pela presença de iões metálicos concorrentes.

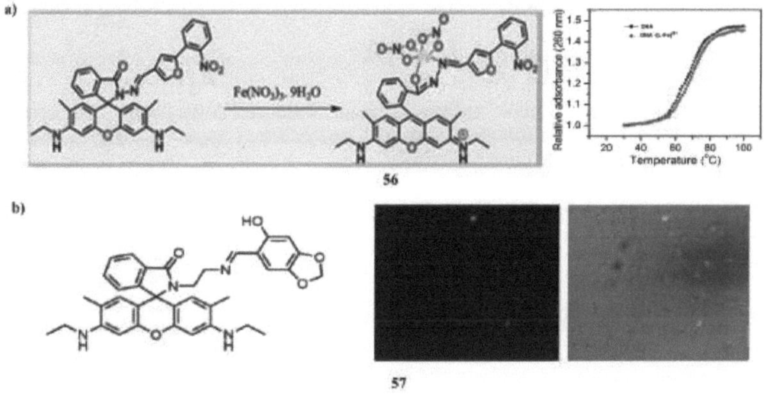

Figura 30. a). Estudo da ligação ao ADN do quimiossensor de Fe^{3+} baseado na rodamina (**56**). b). Estudo em células BEL-7402 da sonda fluorescente "turn-on" à base de Rodamina-6G para deteção de Fe^{3+} (**57**).

O LOD da sonda foi de 0~30,00 µmol/L, enquanto o intervalo de concentração medido foi de 0,030 µmol/L. Foi utilizado para identificar Fe^{3+} em amostras de água potável. As recuperações médias ao nível da concentração de 20,00 µmol/L variaram entre 102,40% e 104,55%. Os resultados coincidiram com os da espetrometria de absorção atómica (AAS), que foi utilizada para obter os dados. Além disso, pode ser utilizado como agente de bioimagem para detetar Fe^{3+} nas células BEL-7402 **(Figura 30b)**. [76] Foi criada uma nova sonda fluorescente (**58**) à base de rodamina. A escolha dos iões metálicos revelou a preferência altamente específica da sonda pelo Fe^{3+} em relação a outros iões metálicos, e a mudança de cor no processo de identificação do Fe^{3+} permitiu a deteção a "olho nu" da partícula em ambientes aquosos. Para determinar o potencial processo de reação entre a sonda e o Fe^{3+} , foram utilizados cálculos teóricos. Foram também propostas utilizações futuras da sonda para a deteção imediata do Fe^{3+} em diagnósticos médicos e para a monitorização dinâmica do Fe^{3+} em sistemas biológicos, utilizando imagens fluorescentes do Fe^{3+} em células vivas **(Figura 31a)**. [77]

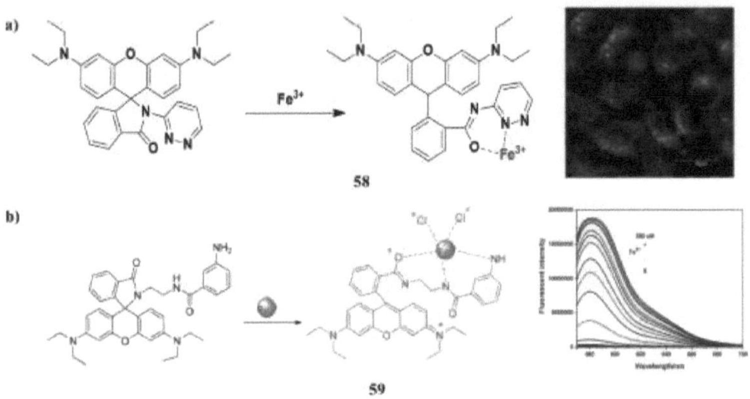

Figura 31. a). Estudo de cálculo teórico do sensor Fe^{3+} baseado em rodamina (**58**). b). Estudo de emissão do quimiossensor de Fe^{3+} baseado em rodamina (**59**).

Um novo derivado da rodamina B (**59**, RBMAB) foi concebido, sintetizado e caracterizado estruturalmente para fabricar um quimiossensor. Numa solução de etanol-H_2O, as investigações demonstram uma seletividade notável para Fe^{3+} entre vários outros catiões metálicos. Tem um pequeno limite de deteção de 0,021µm. Outras provas de que o RBMAB pode ser utilizado como sonda fluorescente para detetar Fe^{3+} em células vivas provêm de estudos que utilizam microscopia de fluorescência **(Figura 31b)**. [78]

O conjugado de rodamina-poli (etilenoglicol) solúvel em água (**60**, DRF-PEG) é um sensor polimérico fluorescente e colorimétrico de resposta dupla, altamente biocompatível, para a deteção de Fe^{3+} . A hidrazida de rodamina 6G e o polietilenoglicol funcionalizado com benzaldeído foram inicialmente utilizados para o criar numa reação de base de Schiff. Como previsto, a adição do segmento PEG ao DRF-PEG aumentou consideravelmente a capacidade de dissolver derivados de rodamina em água e produziu bons resultados de bio-sensores. Para o Fe^{3+} em água pura, o limite de deteção do DRF-PEG é de 1,00 μM para um sensor fluorescente e de 3,16 μM para um sensor colorimétrico a pH 6,5. O mecanismo único de deteção putativa de Fe do $DRF\text{-}PEG^{3+}$ baseia-se num processo de transferência de carga intramolecular em que os átomos O e N na porção de rodamina e os grupos benzeno do segmento PEG modificado com benzaldeído estão envolvidos na coordenação com Fe^{3+} . Além disso, foi utilizado para obter imagens ratiométricas do Fe^{3+} em células HeLa, o que demonstrou a possibilidade de determinar quantitativamente o Fe^{3+} em amostras de soro fetal bovino. Esta investigação lança luz sobre a construção de quimiossensores solúveis em água que podem ser utilizados para diagnóstico clínico e deteção biológica envolvendo ferro **(Figura 32a)**. [79]

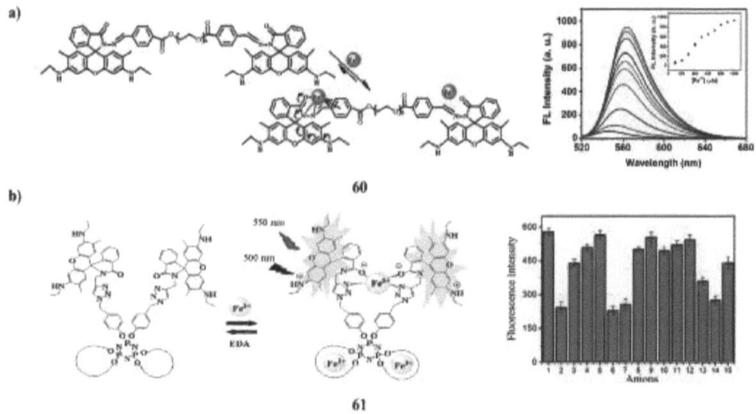

Figura 32. a). Aplicação de diagnóstico clínico de quimiossensores poliméricos de Fe^{3+} à base de rodamina (**60**). b). Estudo da emissão de Fe fluorescente a olho nu multicêntrico à base de rodamina-fosfazeno^{3+} Sensor (**61**).

A nova sonda hexapodal Fe^{3+} (**61**), baseada em rodamina e fluorescente, com um núcleo de ciclotrifosfazeno, foi produzida através de uma "reação de clique" azida-alquino. Foram descritas utilizando espetrometria FT-IR, RMN e MALDI MS. As caraterísticas de sensor ótico do complexo Fe^{3+} foram investigadas utilizando espetroscopia UV-vis e de fluorescência. Descobriu-se que a estequiometria do complexo era de 1:3 (ligando/íon metálico), e o limiar de deteção de íons Fe^{3+} foi estabelecido em 4,8 μM. A reutilização do sensor foi avaliada adicionando as soluções de etilenodiamina e Fe^{3+} a soluções complexas **(Figura 32b)**. [80]

A sonda fluorescente "Turn-on" (**62**) baseada em rodamina foi sintetizada com êxito e com elevado rendimento. O comportamento de reconhecimento apresenta um complexo 2:1 e uma forte seletividade de Fe^{2+} . O Fe^{2+} apresenta uma resposta estável na gama de concentrações de 2 μM a 24 μM. Mais importante ainda, quase nunca encontra interferência de outros iões de metais de transição. Os contactos abertos em anel dos espirocíclicos permitem observar o aumento da sua fluorescência na presença de Fe^{2+} . Todas as medições são efectuadas em tampões PBS que imitam as condições biológicas, o que os torna excelentes candidatos para a marcação fluorescente de sistemas biológicos. As sondas podem ser utilizadas para detetar o Fe^{2+} em células vivas, de acordo com investigações efectuadas com microscopia confocal de varrimento a laser **(Figura 33a)**. [81] O desenvolvimento da rodamina-B conduziu à criação do Rhodenal (**63**), um sensor de ferro fluorescente de ativação com uma série de caraterísticas. É sensível ao pH com dois valores de pKa e contém bandas no seu espetro de absorção eletrónica a 410 nm em etanol. Combina-se rapidamente com o Fe^{3+} , gerando um complexo violeta com um comprimento de onda máximo de 540 nm e uma emissão de fluorescência a 582 nm, com uma constante de velocidade de pseudo-primeira ordem de $1 \times 10^{3}\ s^{-1}$ e uma constante de equilíbrio de $1{,}3 \times 10^{6}$ mol^{-1} L. A permeabilidade significativa da membrana plasmática ao rodenal foi demonstrada por experiências biológicas. As imagens confocais revelaram a existência de reservatórios de ferro no citoplasma e nos subcompartimentos nucleares e demonstraram que a fonte fluorescente provinha do interior da célula. Numa solução aquosa, o rodenal é um sensor de Fe^{3+} altamente favorável, particularmente para a deteção de reservatórios biológicos de ferro **(Figura 33b)**. [82]

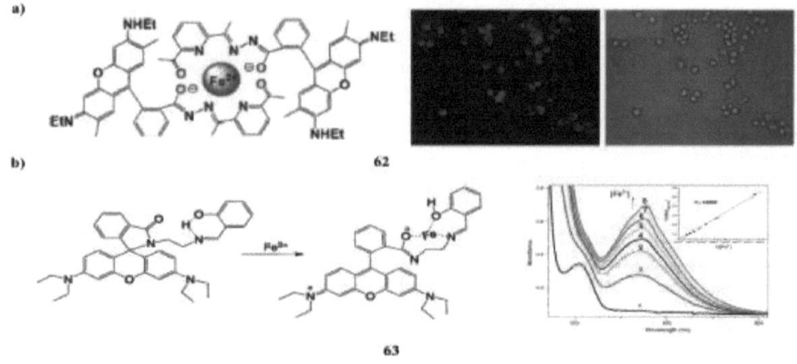

Figura 33. a). Estudo de imagiologia em células vivas do sensor fluorescente Fe^{2+} baseado em rodamina (**62**). b). Ensaios biológicos do sensor fluorescente de ferro(III) baseado em rodamina-B (**63**).

O quimiossensor colorimétrico à base de nanopartículas poliacrílicas fluorescentes (**64**), que melhorou a seletividade e a sensibilidade dos iões Fe^{3+} e Fe^{2+} , baseia-se no etilenodiamina acrilato de rodamina B. Consequentemente, a abertura do anel induzida por quelação foi utilizada para criar o derivado de espirolactama da rodamina B, que pode ser utilizado para detetar iões metálicos. A rodamina B foi inicialmente reagida com etilenodiamina. A forma de acrilato polimerizável da Rodamina B (N-RhBAc) foi então criada modificando quimicamente a etilenodiamina da Rodamina B com cloreto de acriloiloilo. De seguida, foram criadas nanopartículas poliacrílicas fluorescentes utilizando polimerização em emulsão com uma eficiência de carga de 94% através da copolimerização de N-RhBAc com MMA e GMA. As nanopartículas de RhAcL-3 foram sintetizadas com um tamanho de partícula padrão de 40-60 nm e um PDI de 0,09, e a sua composição química e forma esférica lisa foram descritas minuciosamente por vários ensaios. As nanopartículas de RhAcL-3 em dispersão aquosa passaram rapidamente de violeta para vermelho-rosa e a sua força de emissão de fluorescência aumentou 2,2 vezes quando foram adicionados iões Fe^{3+} e Fe^{2+} . Isto foi explicado pela capacidade de quelatar Fe^{2+} e Fe^{3+} ao isómero de espirolactama da porção de Rodamina B e transformá-lo na sua forma de amida de anel aberto com um potente tautómero de xanteno descentralizado fluorescente. Devido à forte seletividade e afinidade do RhAcL-3 para Fe^{2+} e Fe^{3+} , outros catiões não aumentaram significativamente a emissão da intensidade de fluorescência das nanopartículas de RhAcL-3. O sensor RhAcL-3 concebido mostrou uma gama de deteção linear para iões Fe^{2+} e Fe^{3+} de 4 a 320 μM com um LOD de 2,63 e 2,5 μM, respetivamente. Por conseguinte, as actuais nanopartículas poliacrílicas contendo Rodamina B (sensor RhAcL-3) confirmaram o seu potencial para utilização como sensor ótico e colorimétrico de elevado desempenho em vários meios biológicos e ambientais, graças à sua capacidade de deteção instantânea de Fe^{2+} e Fe^{3+} , ampla gama dinâmica linear, elevada sensibilidade e baixo limite de deteção em meios aquosos **(Figura 34a).** [83]

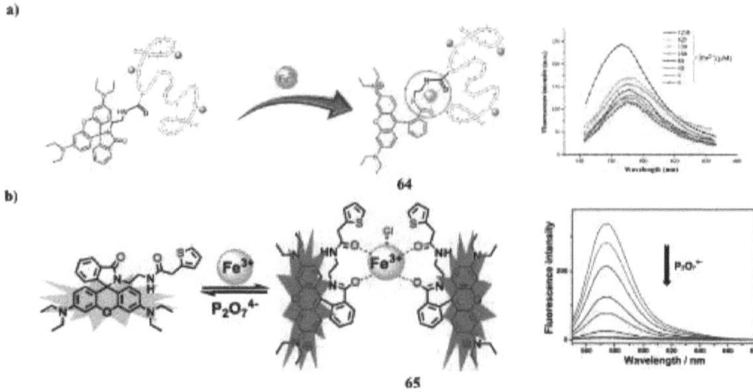

Figura 34. a). Espectros de emissão do quimiossensor de Fe (II) de nanopartículas poliacrílicas fluorescentes à base de rodamina (**64**). b). Estudo de imagiologia em células vivas do sensor Fe^{3+} baseado na díade tiofeno-rodamina (**65**).

O simples fabrico de uma díade tiofeno-rodamina (**65**, BYY) utilizando ácido 2-tiofenoacético e N-(rodamina-B)lactama-etilenodiamina como sonda fluorescente. Demonstrou tempos de reação rápidos e uma boa sensibilidade ao Fe^{3+} em etanol/água com um limite de deteção tão baixo como 10^{-7} M. Significativamente, a afinidade substancial do Fe^{3+} do Na P O_{427} permitiu a ligação reversível do BYY ao Fe^{3+} , e a sonda apresentou propriedades anti-bloqueio notáveis na presença de iões metálicos frequentes. A sonda era também permeável às células e capaz de responder de forma satisfatória e sensível ao Fe^{3+} em células vivas **(Figura 34b)**. [84] As sondas fluorescentes (**66**) feitas de poliéter foram criadas utilizando uma série de reacções de clique de tiol realizadas à temperatura ambiente e sob luz UV. Têm uma forte seletividade e capacidade de resposta do ião ferro e podem ser utilizadas para imagiologia celular, o que mostra a vasta gama de aplicações que as sondas fluorescentes à base de poliéter podem ter na deteção de iões e na bioimagem **(Figura 35a)**.[85] Uma nova sonda espectroscópica conjugada de rodamina-piridina (**67**, RhP) foi revelada *através da* tabulação das suas propriedades monocristalinas de raios X.

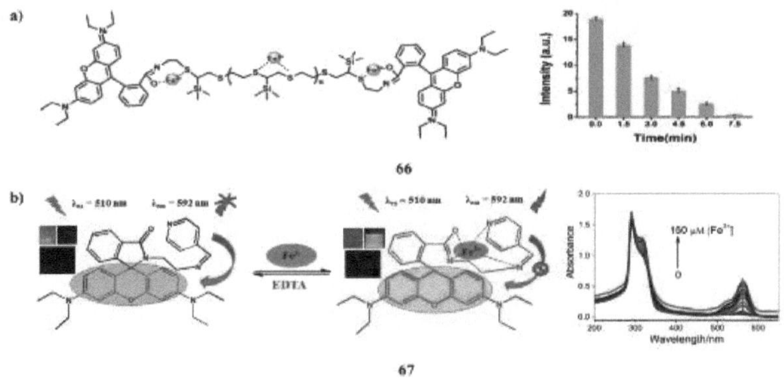

Figura 35. a). Aplicação à imagiologia celular da deteção de iões de ferro fluorescentes com rodamina B à base de poliéter (**66**). b). Estudo de imagiologia celular da sonda de rodamina para deteção de iões Fe^{3+} (**67**).

Em contraste com outros iões interferentes, o Fe^{3+} fez com que o RhP exibisse uma resposta colorimétrica e fluorescente "ligada" rosa-pálida distinta. As análises dos espectros de absorção (UV-Vis) e de fotoluminescência (PL) durante a identificação do Fe^{3+} revelaram novos picos a 561 e 592 nm, respetivamente. Utilizando o gráfico de Job, a massa ESI e as titulações^1 H NMR, foi possível confirmar a estequiometria 1:1 e os locais de ligação. Posteriormente, o LOD e as constantes de ligação para o complexo Fe^{3+} foram determinados como sendo 102,3 nM e $6{,}265 \times 10^4$ M^{-1} , respetivamente, utilizando o ajuste linear e os gráficos de Benesi-Hildebrand. As experiências UV/PL e TRPL provaram que a reversibilidade do sensor RhP + Fe^{3+} pelo EDTA. As interrogações DFT também permitiram estabelecer o mecanismo de transferência de energia fotoinduzida e as alterações do intervalo de banda. Foram efectuados estudos de imagem celular para confirmar a eficácia do RhP na deteção de Fe^{3+} **(Figura 35b).** [86]

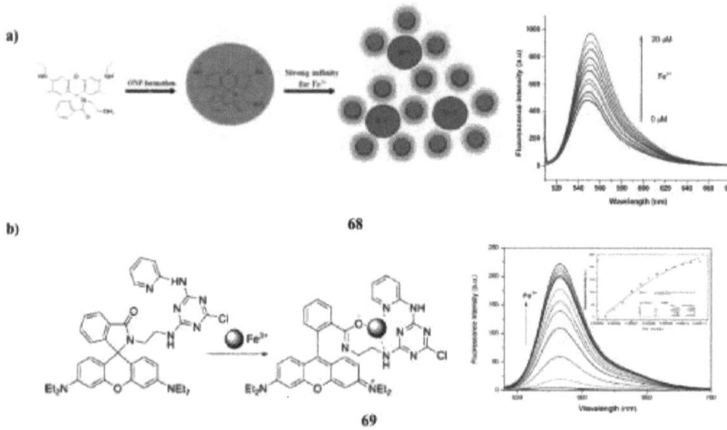

Figura 36. a). Estudo de fluorescência de nanopartículas orgânicas à base de rodamina para deteção de Fe^{3+} (**68**). b). Aplicação em células vivas de sensores fluorescentes de Fe baseados em rodamina-aminopiridina^{3+} (**69**).

A modulação da estrutura do corante rodamina entre as suas formas fluorescente e não fluorescente levou à criação de uma sonda de fluorescência "ON-OFF" à base de rodamina (**68**). A espetroscopia de fluorescência foi utilizada para avaliar o comportamento de deteção de iões metálicos. O procedimento de reprecipitação foi utilizado para transformar o corante em nano-agregados. Os nanoagregados mostram uma elevada sensibilidade e seletividade em relação ao

Fe^{3+} numa solução aquosa com um limite de deteção de 9,2 nM. Além disso, foi avaliada a utilidade do sensor para analisar o teor de Fe^{3+} em comprimidos de suplementos de ferro no mercado local **(Figura 36a).** [87]

Os derivados de rodamina-triazina aminopiridina (**69**, RC2P-RC4P) foram a base para três compostos que foram criados. As investigações espectroscópicas mostraram que o RC2P-RC4P tinha vários padrões de substituição estrutural, o que levou a uma sensibilidade variada para os iões Fe^{3+} . Em comparação com o RC3P e o RC4P, o Fe^{3+} era mais seletivo para aminoácidos e outros iões metálicos na água devido à adequação da estrutura de coordenação ao espaço. Foram efectuados cálculos utilizando a teoria do funcional da densidade para tornar a conceção mais lógica. O limite de deteção foi de $4,1 \times 10^{-8}$ M, indicando uma grande sensibilidade ao Fe^{3+} . Além disso, foi criado um teste simples com tiras de papel para a inspeção rápida do Fe^{3+} . Foi utilizado com êxito para obter imagens de Fe^{3+} em células HL-7702 que ainda se estavam a dividir **(Figura 36b).** [88] A N-(rodamina B)lactama-1,2-etilenodiamina e o dissulfureto de carbono foram combinados para criar um novo quimiossensor fluorescente baseado na rodamina B (**70**, RBCS). Demonstrou uma amplificação considerável da fluorescência a 582 nm e uma mudança de cor impressionante de incolor para cor-de-rosa após a adição de Fe^{3+} numa solução $EtOH/H_2O$, ambas visíveis a olho nu. É de salientar que demonstrou uma aptidão muito sensível e discriminatória em relação ao Fe^{3+} . O limiar de deteção da sonda foi de $2,05 \times 10^{-7}$ M. O RBCS e o Fe^{3+} apresentaram-se como um complexo 1:1 no gráfico de Job. Além disso, o emprego da RBCS na deteção de Fe^{3+} em células HeLa ilustra a sua utilidade em aplicações do mundo real **(Figura 37a)**. [89] Foi descoberto um novo recetor fluorescente ligado ao dimetilaminocinamaldeído (**71**), baseado na rodamina. Apresenta a transferência de energia de ressonância de fluorescência na presença de iões Fe^{2+} , melhorando a divisão racional das emissões do dador e do aceitador e permitindo medições separadas das emissões dos dois fluoróforos **(Figura 37b)**.[90]

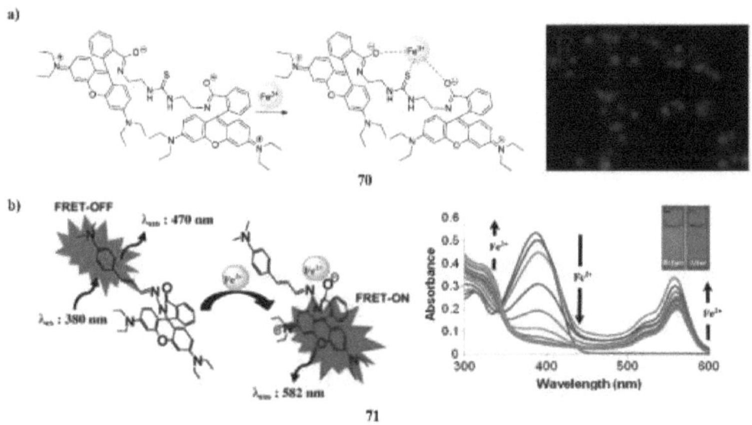

Figura 37. a). Citotoxicidade das fracções de rodamina B-tiocarbonilo para o Fe^{3+} (**70**). b). FRET induzida para o derivado cinamaldeído-rodamina do sensor Fe^{2+} (**71**).

A rodamina B foi utilizada para construir e criar uma sonda (**72**, N-TC) que é específica para o ião Fe^{3+} . Na solução EtOH/H_2 O, apresenta um forte espetro de resposta ao Fe^{3+} com baixos limites de deteção e elevadas constantes de ligação. Tem uma resposta de fluorescência reversível "turn-off-on" de estequiometria de ligação 1:1. Outras provas da sua utilidade provêm da deteção cuidadosa de vestígios de Fe^{3+} em amostras de água ambiente. As experiências biológicas mostraram que a N-TC pode ser utilizada como sonda para detetar Fe^{3+} em células vivas, tecidos animais e tecidos vegetais **(Figura 38a)**. [91] É apresentado o desenvolvimento de sensores fluorescentes sensíveis e selectivos de Fe^{3+} baseados em moléculas de corante bis(rodamina) inovadoras (**73**). Os compostos são gerados em rendimentos muito elevados utilizando análise elementar, espetrometria de massa ESI e RMN. Ambos os compostos apresentam um aumento da fluorescência de um e dois fotões na presença de Fe^{3+} . Foi demonstrado que a capacidade do Fe^{3+} para abrir o anel de espirolactama é a principal responsável pela elevada seletividade e sensibilidade exibidas em relação a outros iões metálicos. Para permitir a obtenção de imagens de fluorescência monofotónica e multifotónica do Fe^{3+} in vivo e in vitro, todas as medições são efectuadas em condições de tampão que simulam circunstâncias biológicas. As excitações de um e dois fotões são ambas boas escolhas para a marcação fluorescente de sistemas biológicos, porque ambas proporcionam uma maior amplificação da fluorescência. A compreensão da seletividade dos sensores de corrente para a deteção de Fe^{3+} é feita utilizando medições da secção transversal de dois fotões e da fluorescência resolvida no tempo **(Figura 38b)**.[92]

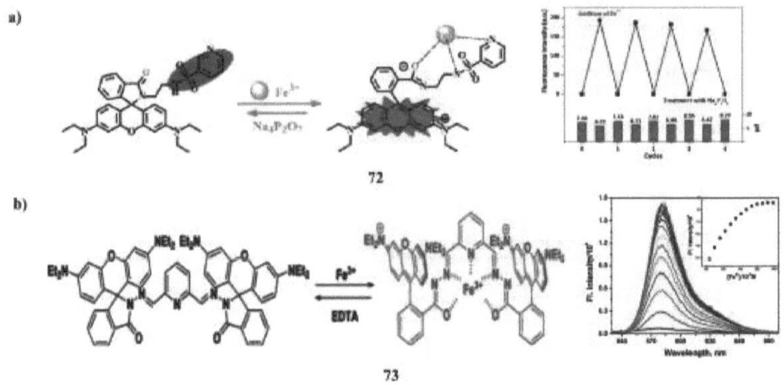

Figura 38. a). Aplicação em tecidos vegetais de sensores de Fe(III) à base de rodamina B (**72**). b). Sistemas biológicos de sensores de Fe baseados em Bis(rodamina)$^{3+}$ (**73**).

Uma sonda fluorescente simples à base de rodamina (**74**) responde muito bem ao Fe^{3+} numa solução-tampão CH_3 CN/Tris-HCl. Esta sonda pode ser utilizada como uma sonda fluorescente e colorimétrica para o Fe^{3+} , devido ao seu baixo limite de deteção de apenas 0,29 μM. Foi utilizado um gráfico de Benesi-Hildebrand para determinar a constante de ligação (Ka) da ligação do Fe^{3+} à sonda, que foi determinada como sendo $1{,}4 \times 10^{10}$ M^{-2} . O Fe^{3+} provocou uma mudança de cor notável na solução-tampão CH_3 CN/Tris-HCl da sonda, passando de translúcido a cor-de-rosa com variações identificáveis. Mais significativamente, a identificação do Fe pela sonda^{3+} era quimicamente reversível quando se adicionava AcO^- **(Figura 39a).** [93] Foi desenvolvida e fabricada uma sonda colorimétrica e fluorescente (**75**, Rp) para o Fe^{3+} que é "off-on". Podia responder ao Fe^{3+} e aos outros catiões metálicos testados em solução de THF-H_2

O com um notável aumento da fluorescência e uma mudança de cor visível a "olho nu".

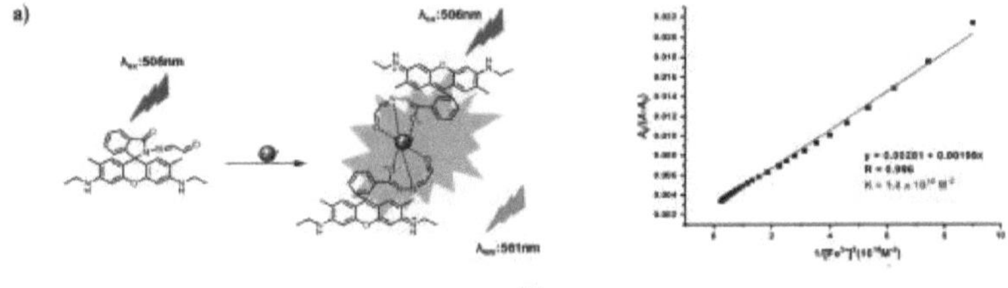

74

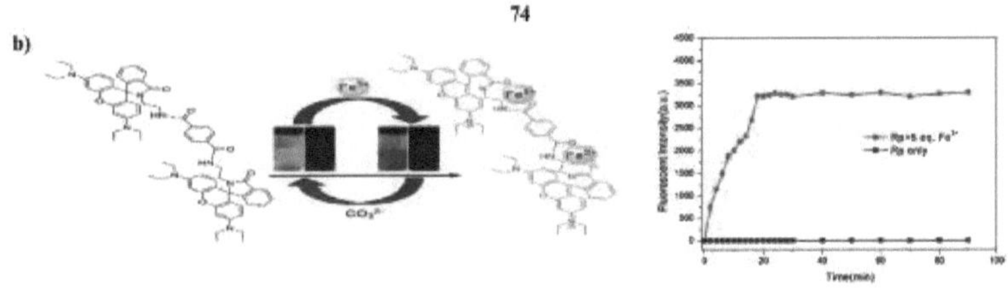

75

Figura 39. a). Gráfico de Benesi-Hildebrand do sensor de Fe^{3+} baseado em fluoróforo de rodamina (**74**). b). Estudo de bioimagem da sonda fluorescente of-on à base de bis-(rodamina) para deteção de iões Fe^{3+} (**75**).

A intensidade de fluorescência da sonda mostrou uma boa linearidade com concentrações de Fe^{3+} que variam de 0,1 a 26 µM, com um limite de deteção de 0,0231 µM. Entretanto, verificou-se que o processo de ligação entre o Rp e o Fe^{3+} era uma formação estequiométrica 1:2. No futuro, este sistema pode ser utilizado como uma sonda de carbonato, uma vez que o carbonato tem o potencial de perturbar a complexação de Rp-Fe^{3+} . Mais significativamente, a sonda Rp foi utilizada para obter imagens de fluorescência do Fe^{3+} em células vivas, para além de monitorizar os níveis de Fe^{3+} em amostras de água e no soro sanguíneo humano **(Figura 39b)**.[94] O ião Fe^{3+} pode ser detectado mais especificamente do que outros iões metálicos concorrentes em meio aquoso utilizando o quimiossensor de ativação reversível da fluorescência à base de rodamina (**76**), que tem átomos dadores 'N' e 'O' adicionados como moléculas quelantes. Este quimiossensor é muito sensível aos iões Fe^{3+} e apresenta uma mudança de cor de azul para rosa, com um limiar de deteção inferior a 1,93 × 10^{-7} M. Os estudos efectuados por HRMS e a titulação por RMN ajudaram a identificar o mecanismo de deteção. Foi eficazmente utilizado para encontrar iões Fe^{3+} em células MCF-7 activas **(Figura 40a)**.[95]

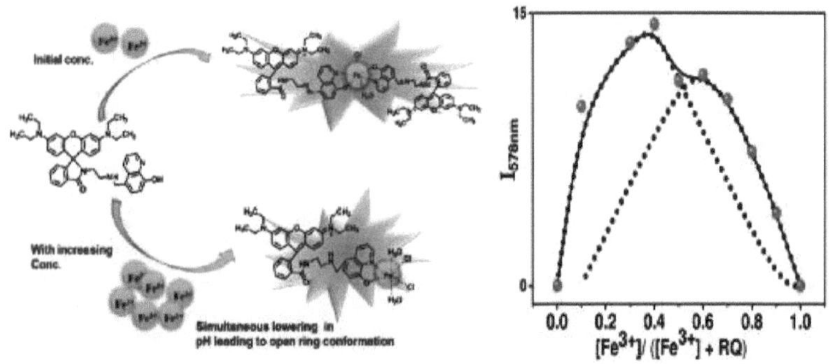

76

Figura 40. Estudo em células vivas MCF-7 do quimiossensor Fe^{3+} baseado na fluorescência da rodamina (**76**).

Os sensores de ferro à base de rodamina representam um avanço significativo no domínio da deteção química, oferecendo um meio versátil e seletivo de detetar e quantificar iões de ferro em diversos ambientes. Os seus mecanismos de ação, que envolvem quelação e subsequentes alterações nas propriedades ópticas ou fluorescentes, permitem a medição precisa das concentrações de iões de ferro. As vastas aplicações destes sensores, que abrangem a monitorização ambiental, a imagiologia biológica e a química analítica, sublinham o seu potencial para enfrentar desafios críticos na avaliação da qualidade da água, na investigação biológica e na quantificação analítica. Além disso, a investigação em curso destinada a melhorar a sua seletividade, sensibilidade e integração em dispositivos analíticos portáteis é promissora para o seu impacto contínuo em vários domínios. Com o potencial para futuras aplicações em diagnósticos médicos e terapêuticos, os sensores de ferro à base de rodamina são uma área de investigação e desenvolvimento activos com implicações de grande alcance para as ciências ambientais e biomédicas.

6. SENSORES DE MERCÚRIO À BASE DE RHODAMINA $(Hg)^{2+}$

O mercúrio tem uma toxicidade biológica complexa; resulta numa vasta gama de doenças médicas que podem induzir a morte. Assim, é extremamente importante encontrar iões de mercúrio. Para a deteção de Hg^{2+} , uma nova sonda fluorescente baseada em rodamina **(77)** apresenta um desvio de Stokes significativo. Surgiu através de um procedimento de ciclização de dessulfurização que foi melhorado com Hg^{2+} e mostrou grande seletividade, excelente sensibilidade e um perfil reativo rápido. Além disso, os resultados encorajadores da utilização eficiente da sonda para descobrir iões Hg^{2+} numa série de amostras de água reais indicam que a sonda pode ser uma ferramenta útil para localizar Hg^{2+} no ambiente **(Figura 41a)**.[96] A composição molecular de um derivado de organosilano de rodamina **(78)**, que foi produzido por uma síntese num único local e imobilizado covalentemente numa microcavidade de silício poroso (PSiMc) através de grupos trietoxisilano, foi validada por métodos de RMN e IV. Os grupos trietoxisilano foram utilizados para encapsular covalentemente numa microcavidade de silício poroso (PSiMc). O FTIR, a reflectância especular e a microscopia eletrónica de varrimento confirmaram a adesão do derivado natural ao PSiMc. A espetroscopia fluorescente, bem como a microscopia, foram utilizadas para examinar o desempenho ótico da deteção de Hg^{2+} . A adição de iões Hg^{2+} em quantidades crescentes em cada caso resultou num aumento significativo da intensidade da radiação. A fase sólida apresentou um aumento de 0,12 e 0,15 vezes na emissão de fluorescência integrada após o envolvimento do recetor de Hg^{2+} . Uma vez que os dispositivos PSiMc podem captar a luz, foi possível aumentar a emissão de fluorescência após a imobilização. Um teste ótico qualitativo para a deteção de Hg^{2+} foi possível graças à microscopia de fluorescência do sensor híbrido PSiMc **(Figura 41b)**. [97]

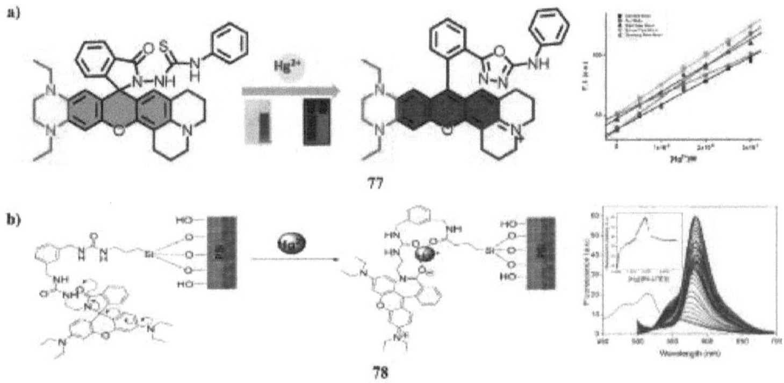

Figura 41. a). Grande desvio de Stokes da sonda de rodamina do sensor de Hg^{2+} (77). b). Estudo de fluorescência do sensor sólido de Hg(II) (**78**).

Foi criada uma sonda fiável específica para Hg^{2+} (**79**) utilizando uma modificação bem sucedida do ftalimido glic de um modelo de rodamina B. A espetroscopia UV-Vis e de fluorescência foi utilizada para analisar as capacidades de sensibilidade da sonda. Demonstrou uma seletividade extraordinariamente elevada, bem como uma sensibilidade para o Hg^{2+} entre os iões metálicos que coexistem frequentemente em solução neutra, o que poderá dever-se ao desenvolvimento de um complexo Hg^{2+} e à abertura do anel da espirolactama da porção de rodamina desencadeada pelo Hg^{2+} . Para além de uma forte correlação linear com a quantidade de Hg^{2+} na sua gama de $0{,}1 \times 10^{-6}$ a $1{,}0 \times 10^{-6}$ mol/L, os limites de deteção (LOD) foram determinados como sendo $2{,}8 \times 10^{-8}$ M. Além disso, foi efectuada uma investigação aprofundada dos impactos do pH, dos iões metálicos coexistentes e da reversibilidade **(Figura 42a).** [98] A hidrazona de furfural e o cromóforo de rodamina de tiosspirolactama, amplamente utilizado, são utilizados para atuar como compostos de comunicação de sinais no novo quimiossensor colorimétrico de fluorescência off-on à base de rodamina **(80)** que detecta iões Hg^{2+} . Numa solução fluida neutra de DMF, foram examinadas a caraterização fotofísica do sensor e a capacidade de ligação do Hg^{2+} .

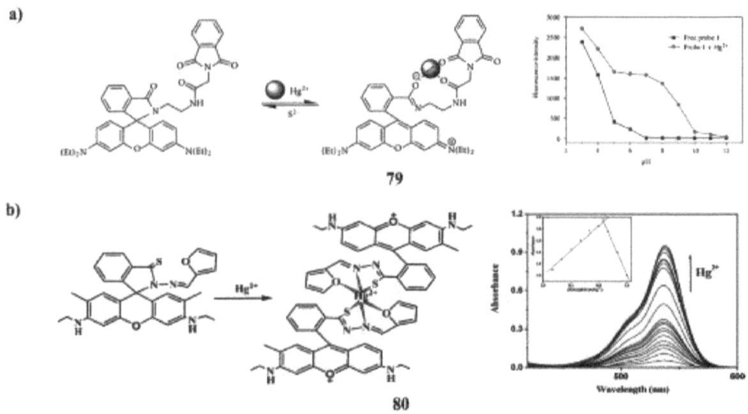

Figura 42. a). Estudo de espetroscopia UV-Vis e de fluorescência do ftalimido-Gly à base de rodamina para sensor de Hg^{2+} (**79**). b). Imagem de células vivas do quimiossensor de Hg^{2+} baseado em rodamina (**80**).

O processo único de abertura reversível do anel induzido por iões metálicos da rodamina espirolactama está subjacente à modificação de sinalização do quimiossensor. Reage imediata e reversivelmente aos iões Hg^{2+} . Em comparação com outros iões metálicos, tem uma reação notavelmente "ligada" ao

Hg^{2+} . Demonstrando ainda mais o seu valor para aplicações úteis em sistemas ambientais e biológicos, é utilizado para imagiologia in vivo em células Schwann de rato para confirmar que pode ser utilizado como uma sonda fluorescente para monitorizar o Hg^{2+} em células vivas com resultados satisfatórios **(Figura 42b)** [99]

A estrutura e descrição de um quimiossensor de ativação fluorescente de Hg^{2+} **(81)** baseado na tiohidrazida de rodamina B. Este demonstrou uma seletividade e sensibilidade extremamente fortes do Hg^{2+} em relação a outros iões metálicos. Em resultado do efeito do Hg^{2+} na abertura do anel espiral da rodamina B. Apresentou uma mudança de cor significativa e uma intensificação selectiva da fluorescência do tipo "off-on". Uma sonda que pode ser utilizada como sonda fluorescente para seguir o Hg^{2+} no interior das células que funcionam demonstrou ser permeável às células pelos resultados de investigações de imagiologia biológica. O quimiossensor preparado também foi utilizado eficazmente para detetar Hg^{2+} em amostras de água ambiente **(Figura 43a).**[100] Como sondas duplas para a deteção selectiva ao nível de ppb de iões Hg^{2+} e F^- em meio aquoso a pH fisiológico 7,4, foram desenvolvidos novos compostos à base de rodamina **(82)**. No seu desenvolvimento, são utilizados o processo de deteção "ligado" induzido por iões metálicos da abertura do anel de espirolactama da porção de rodamina e a quebra baseada na reação da ligação O-sililo para detetar a presença de um ião fluoreto. Foram facilmente sintetizados através da junção da hidrazona de rodamina com mono- e di-hidroxibenzaldeídos que estavam protegidos com O-sililo. Como resultado da dissociação da ligação O-sililo após tratamento com o ião F^- adicional, demonstrou uma indicação de "ativação" do ião fluoreto. Foi capaz de demonstrar a deteção selectiva de iões Hg^{2+} através da abertura do anel de espirolactama. Os dois processos de deteção funcionaram separadamente e, como resultado, as respostas do espetro correspondente pareciam não estar relacionadas entre si. O Hg^{2+} na solução produziu uma emissão de fluorescência rosa intensa e verde forte. Em contraste, quando o ião fluoreto foi adicionado à solução da sonda, observou-se uma cor amarela brilhante com fluorescência amarela. Uma combinação de RMN, IV e análises de espetrometria de massa, foram postulados dois modos distintos de interação. Assim, ultrapassando o seu limite de deteção admissível, a deteção selectiva de dois iões distintos pode ser realizada num meio fluido utilizando uma única sonda **(Figura 43b).**[101]

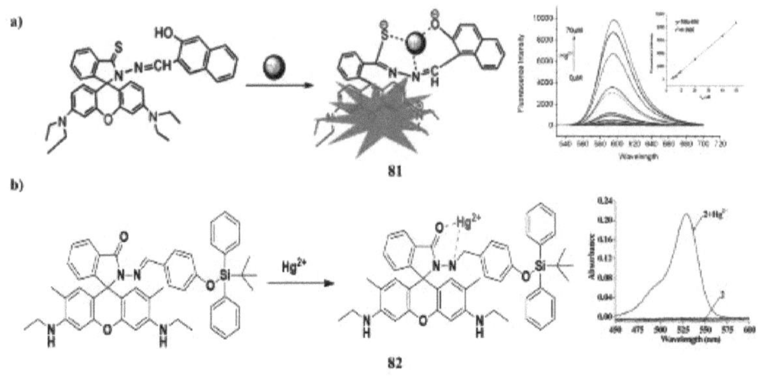

Figura 43. a). Estudo de bioimagem do quimiossensor de Hg à base de tiohidrazida de rodamina B^{2+} (**81**). b). Estudo de absorção de sondas duplas à base de rodamina para sensor de mercúrio (**82**).

Um recetor à base de rodamina (**83**) demonstrou a capacidade de fluorescência para reconhecer o Hg^{2+} para um limiar de deteção de 0,1 nm numa solução aquosa tamponada. É composto por uma estrutura dipodal e uma pseudo-cavidade compatível com a ligação de catiões. A intensidade da fluorescência causada pela abertura do anel de espirolactama foi aumentada pela coordenação do Hg^{2+} na pseudocavidade do recetor em comparação com o recetor não ligado. **(Figura 44a)**.[102] Além disso, a síntese bem sucedida de um derivado da rodamina B (**84**) com uma porção terminal de mercapto-tiadiazol permitiu a utilização das suas caraterísticas fotofísicas para reconhecer seletivamente o Hg^{2+} numa solução aquosa de acetonitrilo. Utilizando células de fibroblastos de ratinho e fibroblastos de rim de hamster através de uma experiência de microscopia de fluorescência confocal, a permeabilidade celular precisa e a baixa toxicidade do ligando foram utilizadas para investigar a contaminação intracelular por mercúrio in vitro. Os resultados da experiência de bioimagem demonstraram a igual aplicabilidade do ligando a ambas as linhas celulares testadas. Como resultado de uma reorganização eletrónica entre moléculas promovida por um metal na estrutura molecular da sonda, esta apresentou fases distintas induzidas por Hg^{2+} na fluorescência, bem como intensidades de absorção, juntamente com a indução de uma transição colorimétrica notável de incolor para tons avermelhados de rosa, permitindo a deteção de água a olho nu. Com uma forte reação fluorogénica e alterações colorimétricas específicas com uma excelente sensibilidade de 30 nM, liga-se ao Hg^{2+} de forma selectiva em relação a uma variedade de catiões concorrentes. Será útil para efetuar investigação biológica e analisar dados de amostras ambientais **(Figura 44b)**. [103]

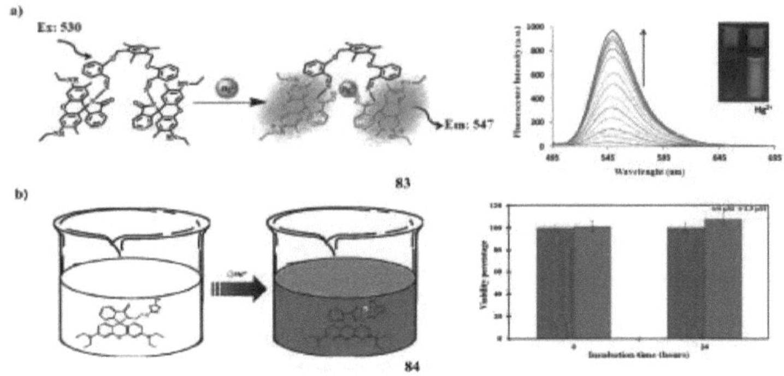

Figura 44. a). Propriedades de fluorescência do sensor de Hg^{2+} baseado em nanopartículas de rodamina (**83**). b). Aplicação da citotoxicidade do quimiossensor fluorogénico de Hg^{2+} (**84**).

Foi criado um sensor de fluorescência seletivo para Hg^{2+} baseado num andaime de rodamina **(85)**. Quando se ligou ao Hg^{2+} , mostrou um aumento de ~35 vezes na emissão de fluorescência, com a banda de emissão distinta da rodamina aparecendo em ~585 nm. Para a deteção de Hg^{2+} em forma de solução e células que sobrevivem, apresenta grande seletividade e sensibilidade (**Figura 45a**).[104] Criação de um novo quimiossensor anfifílico baseado em copolímeros preventivos colorimétricos e fluorescentes **(86)** para iões Hg^{2+} utilizando a polimerização RAFT sequencial de N-isopropilacrilamida (NIPAM). O copolímero em bloco pode formar-se em partículas minúsculas devido às suas caraterísticas anfifílicas, tornando possível a sua utilização num quimiossensor numa solução aquosa. A fluorescência foi aumentada e a cor percebida da solução micelar mudou quando foram adicionados iões Hg^{2+} . Além disso, demonstra uma forte sensibilidade e seletividade do ião Hg . $^{2+}$

a)

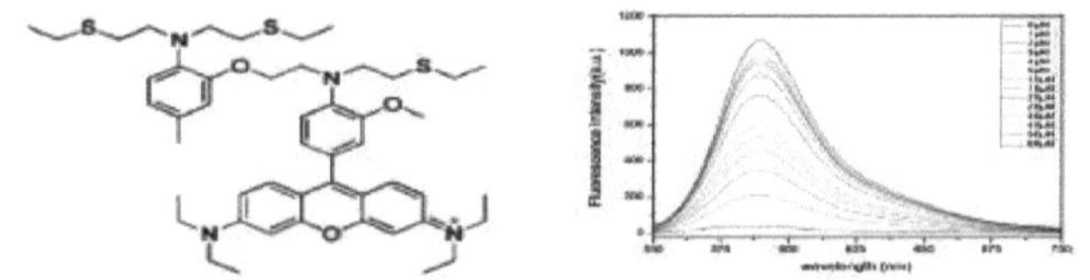

85

b)

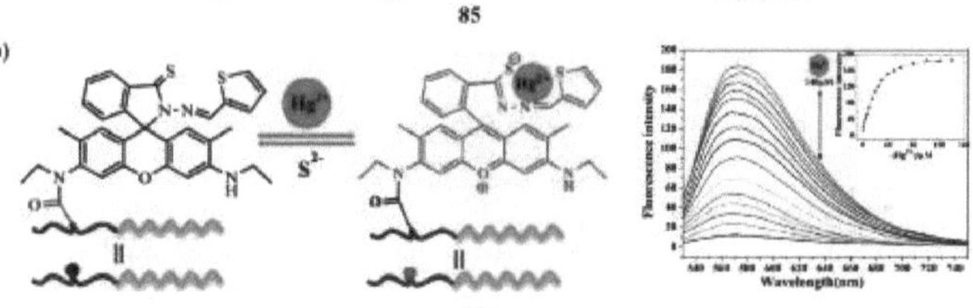

86

Figura 45. a). Aplicação em células vivas de um sensor fluorescente de mercúrio à base de rodamina (**85**). b). Auto-montagem de um quimiossensor de Hg baseado em $Rh6G^{2+}$ (**86**).

Além disso, tem potencial para ser um sensor polivalente de pH e temperatura. A dispersibilidade em água destas micelas poliméricas, juntamente com a biocompatibilidade, pode oferecer um novo método de identificação de analitos em sistemas biomédicos e ambientais **(Figura 45b).** [105] A importância dos iões nos processos biológicos, industriais e ecológicos tem suscitado um interesse crescente pela deteção e deteção de iões. Além disso, um sensor (**87**) baseado na rodamina tem uma dupla capacidade de deteção de iões. Através da quebra do anel de espirolactama na estrutura da rodamina induzida pelo Hg^{2+-} , apresenta uma capacidade de deteção colorimétrica e fluorométrica rápida após a ligação 1:1

ao Hg^{2+} , alterando a cor da solução (de incolor para rosa) e a cor da fluorescência (de escuro para laranja). De acordo com os métodos de absorvância e fluorescência, os limites de deteção foram determinados em 32 nM e 44 nM, respetivamente. O Hg^{2+} altamente reativo que é produzido pode, mais crucialmente, ser utilizado como um sensor fluorescente reversível I^- . O aumento da força de ligação entre Hg^{2+} e I^- fez com que o Hg^{2+} do complexo fosse apreendido por I^- , o que reduziu a intensidade da fluorescência quando I^- foi adicionado. Foi desenvolvido um dispositivo com uma função de porta lógica "INHIBIT" em função do comportamento "OFF-ON-OFF" **(Figura 46a).**[106.] Um novo monómero à base de rodamina (**88**), bem como uma análise das caraterísticas ópticas e electroquímicas do polímero que electropolimerizou sobre um elétrodo de ITO. Para apresentar pela primeira vez uma resposta potenciométrica, colorimétrica e voltamétrica caraterística selectiva de iões em condições aquosas, a película de polímero foi utilizada como uma plataforma de sensor multi-sinal simples e única. Utilizando uma abordagem potenciométrica e aumentando o trânsito de portadores de carga através do Hg^{2+} ligado à rodamina com um limite de deteção de $9{,}77 \times 10^{-8}$ M, demonstra uma elevada seletividade para iões Hg^{2+} em comparação com iões Cd^{2+} , Cu^{2+} , Zn^{2+} e Fe^{3+} . Na presença de iões Hg^{2+} , apresenta também uma mudança óbvia de cor de laranja para púrpura, visível a olho nu. A abordagem colorimétrica produziu um LOD de $3{,}16 \times 10^{-8}$ M para o ião Hg^{2+} . A mesma substância foi também utilizada para detetar Hg^{2+} em soluções aquosas com um limite de deteção aceitável de 1×10^{-7} M utilizando a voltametria. Foi criado especificamente para este trabalho um sistema de sensores baseado em polímeros condutores que pode detetar iões de mercúrio utilizando três métodos distintos. Assim, foi possível criar um sistema de deteção de iões à base de papel plano descartável com respostas altamente consistentes e lineares a várias concentrações de iões do analito em amostras aquosas e biológicas. Esta plataforma é adequada para aplicações de baixo custo no local de prestação de cuidados, bem como para aplicações de ensaio no terreno **(Figura 46b)**. [107]

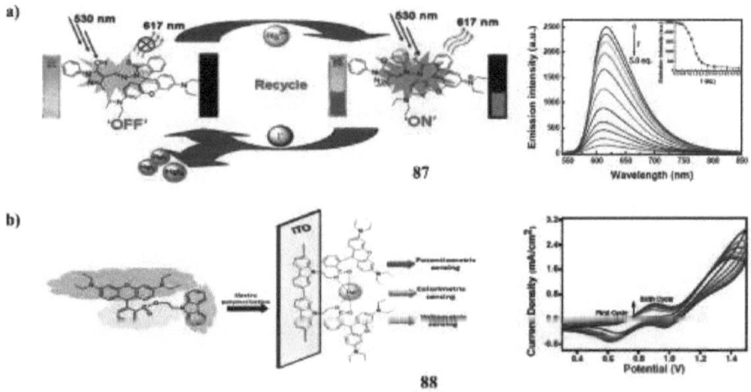

Figura 46. a). Estudo de fluorescência do sensor de Hg à base de rodamina^{2+} (**87**). b). Estudo voltamétrico do polímero conjugado à base de rodamina no sensor de mercúrio (**88**).

Um sensor "visualmente colorimétrico" e fluorométrico (**89**) constituído por [5]heliceno acoplado à rodamina 6G através de uma molécula de hidrazida. Foi produzido e construído especificamente para a deteção muito precisa e focalizada de Hg^{2+} . O dador de energia [5]heliceno forneceu energia para o aceitador do complexo de abertura de anel rodamina 6G-Hg^{2+} no sistema sensor através do processo FRET. O sensor apresentou um desvio de Stokes significativo até 176 nm. Demonstrou grande seletividade e sensibilidade para o Hg^{2+} em soluções aquosas de acetonitrilo na presença de vários iões metálicos concorrentes. Descobriu-se que o limite de deteção é de 2,3 ppb. Tanto a amplificação da fluorescência como uma mudança colorimétrica do sensor de amarelo-esverdeado para cor de laranja, que poderia ser vista a olho nu, eram sinais da ligação da sonda **(Figura 47a)**. [108] A caraterística de identificação de um quimiossensor à base de rodamina-B (**90**) para vários iões metálicos é investigada utilizando espetroscopia UV/Vis e de fluorescência. Em soluções CH_3 OH/H_2 O, tem uma reação preferencial com Hg^{2+} entre outros iões metálicos. A solução muda drasticamente de incolor para cor-de-rosa e apresenta um aumento de 48 vezes na fluorescência após a adição de Hg . $^{2+}$

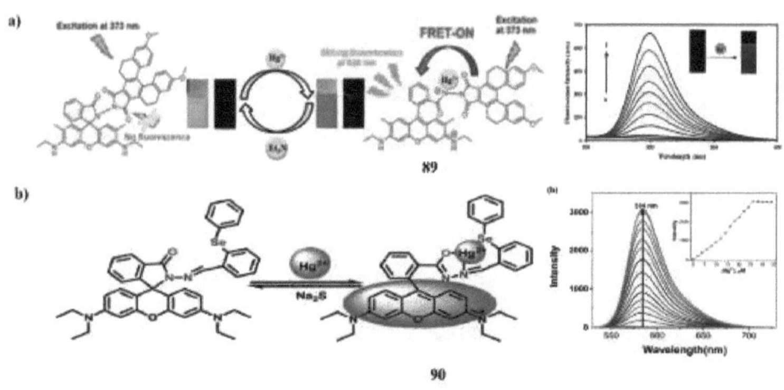

Figura 47. a). Estudo colorimétrico da deteção de Hg com base na rodamina $6G^{2+}$ (**89**). b). Aplicação biológica do quimiossensor de Hg baseado em difenil selénio e rodamina^{2+} (**90**).

Pensa-se que a abertura do anel da espirolactama no fluoróforo da rodamina, que é causada pela ligação do Hg^{2+} , é responsável pela mudança de cor e pela intensificação da fluorescência. A gama eficaz de pH para a medição do Hg^{2+} é de 4,0-10, e um gráfico de Job mostrou que o rácio de ligação é de 1:1. É significativo porque a adição de Na_2 S permitiu aos investigadores ver a reversibilidade da sonda. O Hg^{2+} foi encontrado utilizando a técnica das tiras numa solução de água/metanol. Além disso, os testes de microscopia de fluorescência convencional mostraram que a sonda funciona bem para detetar o Hg^{2+} tanto in vitro como in vivo **(Figura 47b)**.[109]

O composto de benzotiazol que contém o corante rodamina B (**91**) apresenta mudanças de cor altamente selectivas e sensíveis à vista desarmada, bem como uma resposta de fluorescência ligada aos iões Hg^{2+} . Descobriu-se que o limiar de deteção da sonda para o Hg^{2+} é de 0,17 nM. Tem baixa citotoxicidade, incluindo permeabilidade da membrana celular, o que a torna adequada para análise de amostras em tempo real e deteção de Hg^{2+} em células HeLa **(Figura 48a)**.[110] Os quimiossensores de fluorescência "Turn-on" (**92**) baseados na rodamina foram facilmente criados, tendo sido estudados os seus vários substitutos do Hg^{2+} . Entre os iões metálicos testados, apresentou grande seletividade, alteração da fluorescência ratiométrica melhorada por quelação e alteração colorimétrica. O impacto de vários substituintes com base na estrutura espetral das sondas testadas foi dado e debatido com base em dados espectrais UV e dados espectrais de fluorescência. Devido ao seu grupo doador de electrões, o limite de deteção da sonda Hg^{2+} foi tão baixo como 50 nM. O processo de reação é também apoiado por cálculos teóricos. As experiências com microscopia confocal de varrimento a laser demonstraram que a sonda pode ser utilizada para detetar o Hg^{2+} em células vivas **(Figura 48b)**.[111]

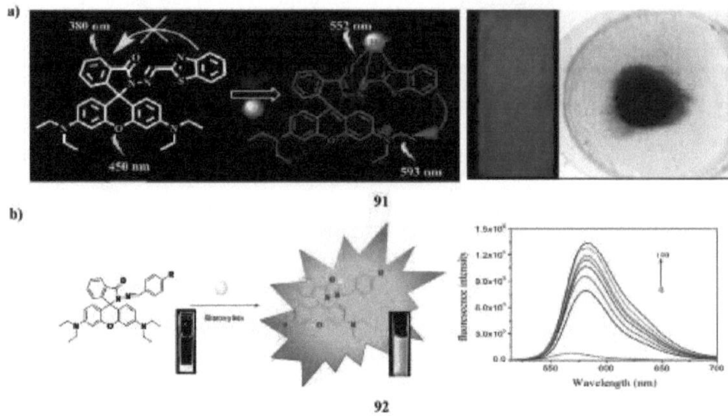

Figura 48. a). Estudo em células HeLa do sensor de Hg conjugado com rodamina-benzotiazol^{2+} (**91**). b). Aplicação em células EC109 de quimiossensores de mercúrio à base de Rodamina B (**92**).

Foi criado um novo quimiossensor fluorescente "on-off" (**93**) para Hg^{2+} que é iniciado por um derivado de rodamina B. Foi demonstrada uma elevada sensibilidade e seletividade para o Hg^{2+} em relação a outros iões metálicos que coexistem frequentemente em meios aquosos. O anel espirocíclico da sonda abre-se em resposta à injeção de Hg^{2+} , o que resulta numa melhoria notável da cor aparente e da fluorescência entre 500 e 600 nm. A deteção visual do Hg^{2+} é simplificada pela facilidade com que a reação colorimétrica e fluorescente quando exposta ao Hg^{2+} pode ser simplesmente detectada. A estrutura química e os dados do espetro da sonda sugerem um mecanismo de reação de dessulfuração irreversível, baseado na hidrólise (**Figura 49a**).[112] Foram concluídas a conceção e a síntese de três sensores de fluorescência baseados na rodamina **(94)**. A rodamina (94) demonstrou uma seletividade e sensibilidade excepcionais a uma amplificação extraordinária da fluorescência e pode funcionar em soluções semi-aquosas com um pH quase neutro. Com o aumento das quantidades de unidades de tioureia, a gama de trabalho linear destes sensores alargou-se e a sua sensibilidade aumentou. Além disso, demonstrou uma excelente imunidade à interferência de numerosos iões metálicos fisiológica e ecologicamente significativos. Testes em lagos e água da torneira demonstraram a excelente praticabilidade dos sensores. O processo de reconhecimento irreversível e o número de unidades de Hg^{2+} ligadas que coincidem com o número de unidades de tioureia sugerem um novo método de interação entre o Hg^{2+} e o sensor (**Figura 49b**).[113]

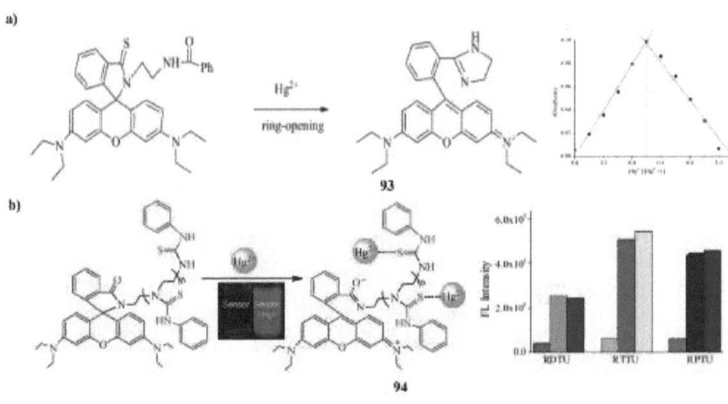

Figura 49. a). Caracterização da fluorescência do quimiossensor de Hg (II) à base de rodamina (**93**). b). Intensidade de fluorescência de sensores de Hg baseados em tioureia com rodamina^{2+} (**94**).

A deteção de iões de mercúrio foi desenvolvida utilizando um sensor à base de rodamina (**95**). A monitorização a olho nu é possível graças às reacções colorimétricas e de fluorescência. Estas dependem do facto de o espirociclo da rodamina ser aberto pelo Hg^{2+} . Apenas o Hg^{2+} produziu uma notável amplificação da fluorescência de até 300 vezes em cada ião de teste, com uma emissão amarelo-verde viva. Funcionou bem para a imagiologia in vivo do Hg^{2+} em células Spill 2 e *C. elegans*, uma vez que se tratava de um composto pouco tóxico. Para a quantificação do Hg^{2+} na investigação ambiental, tabaqueira e biológica, este método oferece um método sensível e preciso (**Figura 50a**).[114] A solução de etanol absoluto foi utilizada para estudar os compostos de dímeros de rodamina (**96**) com uma forte seletividade e sensibilidade ao Hg^{2+} . Em ambos os casos, uma mudança de cor de incolor para cor-de-rosa foi acompanhada por um aumento dos sinais de absorção e emissão. Foi também investigado que ambos os compostos reconheciam o Hg^{2+} na fase gasosa. Também foi relatada a imobilização de sondas de rodamina em sistemas suportados em celulose para testar a sua eficácia na deteção rápida de Hg^{2+} na fase aquosa **(Figura 50b).**[115]

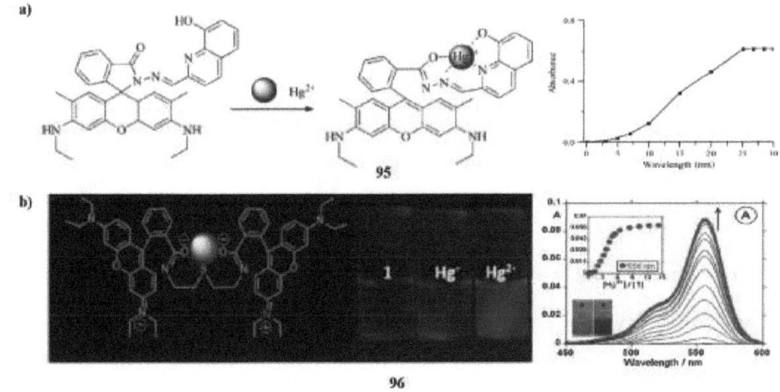

Figura 50. a). Aplicações biológicas no tabaco de sensores fluorescentes à base de rodamina para Hg^{2+} (**95**). b). Dispositivos com suporte de celulose de sondas de dímeros de rodamina para deteção de mercúrio (**96**).

Os cientistas utilizaram a rodamina para criar um sensor ótico avançado (**97**) que foi especificamente concebido para identificar o Hg^{2+} tanto em soluções aquosas como em células vivas. Em condições de acetonitrilo (ACN)/tampão MOPS, a análise utilizando espetroscopia de UV-visível e de fluorescência revela que a Rh-3S demonstra uma forte sensibilidade e seletividade em relação ao Hg^{2+} e apresenta uma resposta "off-on" específica desencadeada por quelação. A sonda liga-se ao Hg^{2+} numa estequiometria 1:1 com uma constante de ligação aparente de $3,71 \times 10^{6}$ M^{-1} e mostra uma mudança distinta na cor e na fluorescência após a alteração dos níveis neutros de Hg^{2+} em solução com uma resposta reversível e pouca interferência com outros iões metálicos biologicamente relevantes. Estudos de imagem confocal de células vivas demonstram que o sensor também é capaz de captar a presença de iões Hg^{2+} bem como as suas flutuações dinâmicas em células activas **(Figura 51a).**[116] A rodamina B e o 9H-carbazole-9-etanol foram submetidos a uma reação de esterificação e este monómero (**98**) foi subsequentemente electropolimerizado utilizando o método de voltametria cíclica. Os estudos FT-IR, UV-Vis, NMR, LC-MSMS e elementares foram utilizados para confirmar a estrutura, que mostrou uma estrutura heterocíclica rica em azoto e grupos de elevada densidade eletrónica. A microscopia eletrónica de varrimento (SEM) foi utilizada para caraterizar o polímero depois de ter sido revestido com ITO/vidro e eléctrodos impressos no ecrã (SPE). A gama de seletividade de iões de mercúrio (II) para o sistema ITO/vidro foi fixada entre 10^{-2} M e 10^{-9} M, enquanto que para o sistema de eléctrodos impressos foi alterada entre 10^{-2} M e 10^{-11} M. Verificou-se que os valores do limite de deteção (LOD) do sistema ITO/vidro eram de $6{,}4 \times 10^{-9}$ M e os valores do LOD do sistema de eléctrodos impressos no ecrã eram de $2{,}02 \times 10^{-12}$ M. Utilizou-se um potenciómetro de circuito aberto para medir os tempos de resposta em segundos estimados para o teor de mercúrio (II) do elétrodo. Verificou-se que os eléctrodos tinham uma sensibilidade excelente **(figura 51b).**[117]

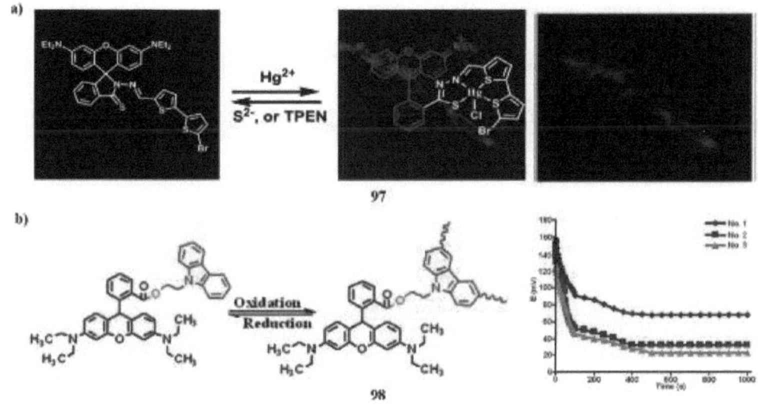

Figura 51. a). Aplicações em células vivas do sensor ótico de mercúrio à base de rodamina (**97**). b). Estudo de condução do sensor de iões de mercúrio (II) à base de rodamina-polímero (**98**).

Foi desenvolvido um quimiossensor à base de rodamina (**99**), capaz de detetar com precisão iões Hg^{2+} , para ser uma ferramenta colorimétrica e fluorométrica. Numa solução aquosa de acetonitrilo, este sensor apresenta uma resposta de fluorescência impressionante e selectiva aos iões Hg^{2+} , sem interferência de outros iões metálicos concorrentes. A presença de Hg^{2+} provoca uma mudança de cor notável de incolor para cor-de-rosa. O grupo de éter vinílico ligado na sonda é hidrolisado seletivamente pelo ião Hg^{2+} , resultando na formação de um complexo quelatado com Hg^{2+} e na abertura do anel de espirolactama ao mesmo tempo. A espetrometria de massa, a RMN, a fluorescência, a absorção e a fluorescência apoiam o mecanismo de deteção sugerido. O limite de deteção (LOD) da sonda para o Hg^{2+} é de 136 nM, o que demonstra a sua grande sensibilidade ao Hg^{2+}. Na gama de pH biológico de 4-10, apresenta uma resposta espectroscópica constante. Além disso, foram criadas e utilizadas tiras de papel para detetar Hg^{2+} em soluções de água pura até ao nível de 10 ppm, a fim de explorar a sua aplicabilidade prática. Além disso, a utilização potencial de uma sonda para a deteção de Hg^{2+} em amostras de água reais foi rastreada e comprovada **(Figura 52a)**. [118] Para detetar eficazmente iões de mercúrio (II) em solventes DMSO aquosos, foi criado um novo quimiossensor (**100**) com funcionalidades para rodamina e 2,6-piridina carboxaldeído. Com uma seletividade e sensibilidade notáveis em relação a uma variedade de iões metálicos concorrentes, utilizando abordagens colorimétricas e fluorimétricas, este sensor funciona como uma sonda "turn ON" para iões Hg^{2+}. São adicionadas duas moléculas de rodamina, o que melhora os locais de quelação para a ligação do mercúrio e reduz significativamente o limite de deteção para 26 nM.

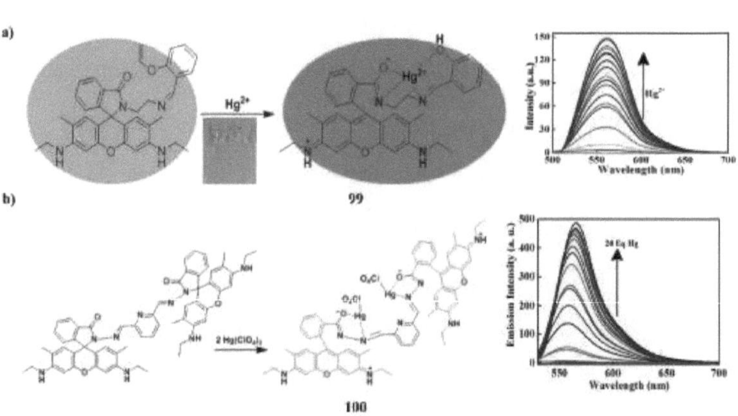

Figura 52. a). Estudo quimiosimétrico do sensor de mercúrio(II) à base de rodamina (**99**). b). Aplicação em amostras reais de água do sensor ótico de mercúrio (II) à base de rodamina (**100**).

As interações estequiométricas 1:2 entre a sonda e os iões Hg^{2+} são confirmadas utilizando a abordagem de Job plot. Utilizando análises de absorção, emissão, RMN e massa, o desenvolvimento do complexo de quelação caracterizado pela abertura do anel de espirolactama foi cuidadosamente investigado. O sensor detecta consistentemente iões Hg^{2+} numa vasta gama de pH de 4 a 9. Além disso, foi utilizada a técnica de pico e recuperação para demonstrar a sua eficácia na determinação do nível de poluição de iões Hg^{2+} em amostras de água reais **(Figura 52b)**.[119]

Foi conceptualizado e sintetizado um sensor baseado na rodamina B (**101**), incorporando rodamina B de espironolactona e quelatos multidentados com uma forte afinidade para o Hg^{2+} . Na presença de Hg^{2+} , o sensor apresenta uma fluorescência vermelho-alaranjada distinta e uma cor vermelha visível a olho nu. A sua aplicação estende-se a medições quantitativas e qualitativas de Hg^{2+} . Através da titulação e análise fluorescentes, determinou-se que a sonda pode detetar seletivamente o Hg^{2+} no espaço de 1 segundo, apresentando um baixo limite de deteção (LOD) de 16 nM em meio de acetonitrilo. A constante de associação (Ka) para esta interação foi calculada como sendo $0,32 \times 10^5$ M^{-1} . Além disso, o complexo desenvolvido mostrou-se promissor na identificação de soluções de acetonitrilo com baixo teor de água **(Figura 53a)**.[120] A espetroscopia de fluorescência e a espetroscopia UV/Vis foram utilizadas para examinar os comportamentos de deteção de um derivado de rodamina recentemente sintetizado (**102**) com motivos tiazólicos e tiocarbonílicos em relação a vários iões metálicos. No tampão CH_3 CN-HEPES, o processo de abertura do anel da espirolactama provoca seletivamente uma amplificação única da fluorescência e alterações colorimétricas para o Hg^{2+} . O sensor foi integrado num sistema microfluídico e utilizado eficazmente para a deteção de Hg^{2+} em células Hela, tirando partido da sua forte seletividade e sensibilidade ao Hg^{2+} **(Figura 53b)**.[121]

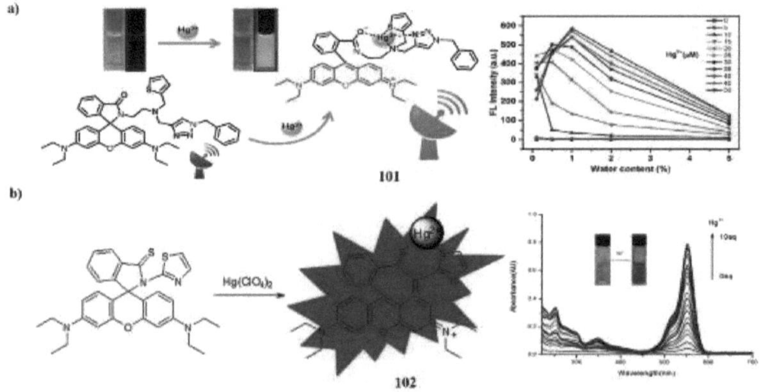

Figura 53. a). Estudo do teor de água do quimiossensor de Hg (II) fluorescente à base de rodamina B (**101**). b). Estudo de bioimagem do sensor fluorescente de Hg^{2+} baseado na rodamina (**102**).

Para a deteção de iões Hg^{2+} em soluções aquosas, foi desenvolvido um quimio-dosímetro (**103**) altamente sensível e seletivo. Neste sistema, um derivado da rodamina sofre uma reação irreversível de formação de oxadiazóis promovida pelo Hg^{2+} . As variações de intensidade colorimétrica e de fluorescência são utilizadas para monitorizar a reação, que ocorre imediatamente à temperatura ambiente e estequiometricamente numa relação 1:1 com a concentração de Hg^{2+} . Este sistema apresenta uma grande seletividade para o Hg^{2+} em relação a outros iões metálicos, com uma sensibilidade inferior a 2 ppb em soluções aquosas. De acordo com estes resultados, esta técnica pode ser utilizada como base para quimiodosímetros úteis, permitindo a deteção rápida de concentrações de Hg^{2+} em ambientes aquáticos **(Figura 54a)**.[122] Foi desenvolvido um novo quimiossensor assistido por rodamina (**104**) para a monitorização de sistemas aquáticos e a deteção do poluente ambiental extremamente perigoso Hg^{2+} . O sensor químico pode distinguir o Hg^{2+} em ambientes parcialmente aquosos devido à sua excelente seletividade e sensibilidade na resposta fluorométrica em tempo real, como demonstrado pelos resultados da experiência. A afinidade de ligação e o limite de deteção esperados são $4,72 \times 10^4$ M^{-1} e 6,9 μM, respetivamente. Além disso, a reversibilidade comunicada pelo sensor químico da combinação com Hg^{2+} na presença de $EDTA^{2-}$ aumenta ainda mais o seu potencial para a monitorização de elementos nocivos no ambiente **(Figura 54b)**.[123]

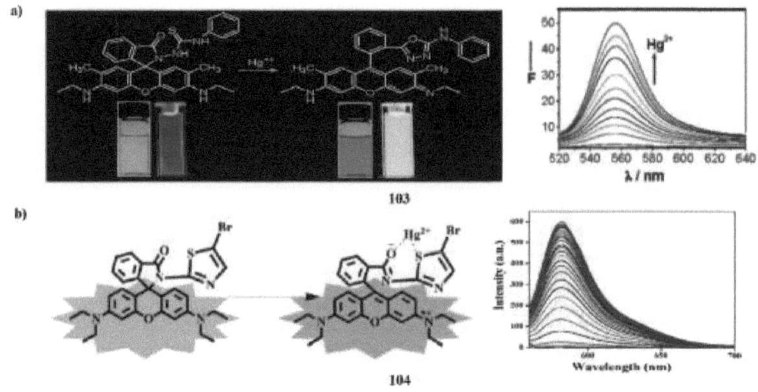

Figura 54. a). Estudo quimiodosimétrico do sensor de Hg fluorescente à base de rodamina^{2+} (**103**). b). Estudo de monitorização ambiental do sensor fluorescente de Hg (II) à base de rodamina (**104**).

Foi criado e sintetizado o quimio-dosímetro de upconversion no infravermelho próximo do ião Hg^{2+} (**105**). Para aumentar o comprimento de onda de emissão e absorção dos corantes de rodamina, adiciona-se o aldeído de Fisher à sua estrutura. Cinco equivalentes de Hg^{2+} adicionados à sonda fizeram com que as suas bandas de emissão máxima se concentrassem a 735 nm. Esta conceção permite a deteção quantitativa de Hg^{2+} com um limite de deteção baixo de $1{,}41 \times 10^{-8}$ M. O seu potencial como sonda de pH foi ainda demonstrado pelo comportamento de resposta da sonda a vários valores de pH, que mostrou uma boa correlação linear. Além disso, pode atuar como uma sonda de fluorescência de dois fotões de Hg^{2+} . A solução apresenta uma fluorescência vermelha brilhante e uma emissão de fluorescência notável na banda de 745 nm quando estimulada por um laser de 800 nm. A estequiometria entre os iões e a sonda é de 1:2, como mostra o gráfico de Job. As capacidades superiores de bioimagem da sonda foram comprovadas por uma experiência com células vivas **(Figura 55a)**.[124] Foi concebido e sintetizado o quimiossensor fluorescente e colorimétrico baseado no núcleo de N-metil imidazol (**106**) para a deteção selectiva do ião Hg^{2+} . Os estudos das propriedades espectrais UV-Vis e de fluorescência do recetor mostraram que este era altamente seletivo e sensível ao Hg^{2+} sem interferência discernível de outros iões metálicos concorrentes. Em contraste com outros catiões, o recetor mudou rapidamente de incolor para cor-de-rosa quando foi adicionado Hg^{2+} . Esta mudança de cor foi seguida por uma resposta de fluorescência de ativação que era exclusiva do Hg . $^{2+}$

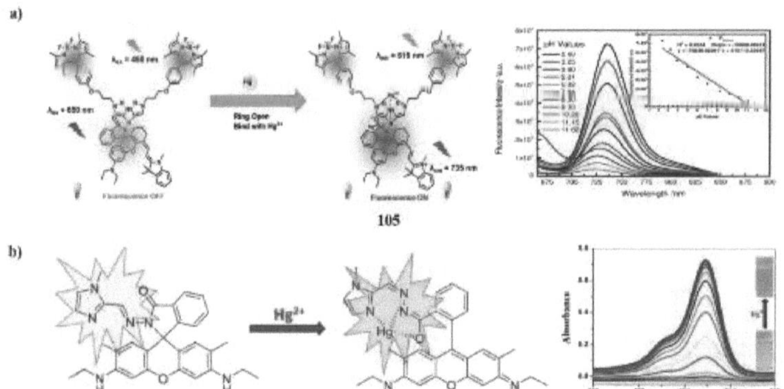

Figura 55. a). Imagens de fluorescência da deteção de iões Hg^{2+} com base em rodamina-BODIPY (**105**). b). Espectros de absorvância do quimiossensor de Hg^{2+} baseado em rodamina (**106**).

Uma relação estequiométrica de 1:1 entre o recetor e o Hg^{2+} foi apoiada pelo gráfico de Job. Pensou-se que o processo de abertura do anel de espirolactama era responsável pela mudança de cor observada e pela resposta de fluorescência ligada em resposta à injeção de iões de Hg^{2+} . A análise por RMN e por espetro de massa verificou o modo provável de interação entre o recetor e o Hg^{2+} . As suas tiras de teste de nanofibras electrospun foram eficazmente utilizadas em aplicações práticas para detetar iões de Hg^{2+} no ambiente aquoso **(Figura 55b).**[125]

Os sensores de mercúrio à base de rodamina oferecem um meio altamente sensível e seletivo de deteção de iões de mercúrio em amostras ambientais e biológicas. O seu mecanismo, que envolve a ligação selectiva de corantes de rodamina a iões de mercúrio, resultando numa alteração detetável da fluorescência, permitiu a sua aplicação na monitorização ambiental, no controlo de processos industriais e no diagnóstico biomédico. A investigação em curso destinada a melhorar a sua sensibilidade, seletividade e utilidade prática, bem como os esforços para os integrar em dispositivos portáteis e desenvolver matrizes de sensores multiplexados, são promissores para o seu impacto contínuo e expansão em diversos domínios. As perspectivas futuras dos sensores de mercúrio à base de rodamina são brilhantes e o seu avanço está preparado para contribuir significativamente para a proteção da saúde humana e do ambiente.

7. SENSORES DE ZINCO À BASE DE RHODAMINA (Zn)$^{2+}$

A capacidade da díade fluorescente fenotiazina-rodamina sintetizada (**107**) para detetar especificamente iões Zn^{2+} em soluções e em linhas celulares in vitro foi examinada utilizando uma variedade de métodos. Demonstrou a forte preferência pelos iões Zn^{2+} que as investigações electrónicas e do espetro de emissão tinham demonstrado. A forma fechada em anel da ligação do ião Zn^{2+} foi demonstrada pela banda de emissão da sonda a 528 nm. Devido à abertura do anel do componente de espirolactama no ligando, a deslocação de λ_{em} para 608 nm foi seguida por uma tonalidade de amarelo pálido a rosa e emissão de fluorescência de verde a vermelho rosado. O mecanismo ON de transferência de energia por ressonância de fluorescência foi influenciado pela sobreposição espetral da banda de emissão do dador e da banda de absorção da forma aberta em anel da fração aceitadora. O limite de deteção mais baixo de Zn detectado pelo sensor^{2+} foi de $2,89 \times 10^{-8}$ M. Também mostrou uma aplicabilidade de deteção eficaz com pouca toxicidade para estudos in vitro utilizando células HeLa (**Figura 56a**).[126] Além disso, o quimiossensor fluorescente de Zn^{2+} (**108**), seletivo e reativo, baseia-se na rodamina. A presença de Zn^{2+} foi associada a alterações observáveis nos espectros de absorção e na amplificação da fluorescência. Revelou o reconhecimento "a olho nu" dos iões Zn^{2+} através de uma coloração rosada da solução. Além disso, pode ser utilizado como uma sonda fluorescente para seguir o Zn^{2+} em células vivas, como demonstram as investigações do microscópio confocal de varrimento a laser (**Figura 56b**).[127]

a)

b)

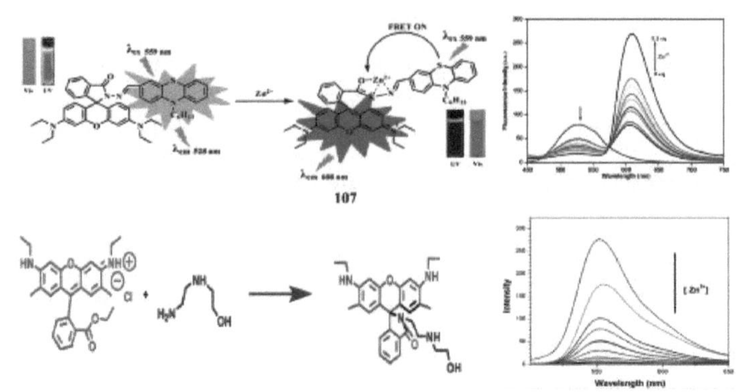

107

108

Figura 56. a). Estudos de bioimagem do sensor colorimétrico de Zn^{2+} baseado em fenotiazina-rodamina (**107**). b). Imagens de células vivas do quimiossensor fluorescente de Zn(II) (**108**).

O complexo de zinco fluorescente baseado no ligando rodamina-tris(hidroximetil)aminometano espirolactama (**109**) foi criado e descrito. Os estudos de difração de raios X em monocristal revelam que esta combinação se encontra na sua forma de espirolactama aberta em anel. O ião Zn^{2+} tem uma forma distinta porque está preso no interior dos motivos corantes constituídos por dois ligandos. Em acetonitrilo, brilha com uma cor laranja viva e é cor-de-rosa. As soluções aquosas e a adição de iões acetato fazem com que a fluorescência se desvaneça e a cor mude de rosa para incolor. Os métodos de absorção, fluorescência, RMN e MS validaram o modo de interação existente entre a sonda e o ião acetato. Também demonstra capacidade como indicador de acetato na forma sólida e em líquidos, particularmente aqueles que se assemelham ao plasma sanguíneo humano. É extremamente selectiva para os iões acetato. A reversibilidade da afinidade da sonda pelo acetato é demonstrada pela adição de uma quantidade excessiva de acetato e de iões Zn^{2+} . É possível construir uma porta lógica molecular do tipo INIBIDO utilizando a saída fluorescente que a sonda apresenta com a adição/não adição de iões Zn^{2+} e acetato como entradas sucessivas (**Figura 57a**).[128] Além disso, o ligando tetradentado (**110**) está a ser produzido e estudado espectroscopicamente para utilização como sensor. É criado a partir de uma conjugação à base de tris(pirrolil-metil)amina e rodamina. Funciona como um quimiossensor fluorescente e colorimétrico seletivo para o Zn^{2+} em acetonitrilo/água. Revelou picos claros de emissão (577 nm) e absorção (558 nm) numa acumulação de Zn^{2+} , e a intensidade destes picos aumentou à medida que as concentrações de Zn^{2+} aumentavam. Os estudos de titulação revelaram que era necessário um excedente considerável de Zn^{2+} para a saturação das intensidades de absorção (máx.) e de emissão. O nível de fluorescência da sonda aumentou 500 vezes com um pico de emissão a 580 nm após a injeção de 1000 equivalentes de Zn^{2+} . Estes testes cinéticos mostraram que as variações da emissão e da absorção estavam relacionadas com as concentrações de Zn^{2+} . A tonalidade da solução passou de incolor a rosa escuro. A água de amónio pode ser utilizada para recuperar reversivelmente a fluorescência do complexo Zn^{2+} . As experiências com iões competitivos mostraram que os níveis elevados de outros iões metálicos não suprimiram a energia cinética do complexo Zn^{2+} . Não se verificou qualquer efeito discernível dos contra-ânions nas caraterísticas de emissão ou absorção. As análises espectroscópicas por RMN e FT-IR do sensor de Zn2+ revelam que os motivos de pirrolo, os grupos -C=N- e a espirolactama da rodamina B podem controlar as espécies convidadas de catiões. Só se notou um aumento modesto da fluorescência quando os três grupos -C=N- foram coordenados pelo zinco, o que pode dever-se ao mecanismo de abertura do anel de espirolactama da unidade de rodamina. Isto deve-se ao facto de cada braço do ligando tripodal tautomerizar separadamente. A fluorescência aumentou significativamente.

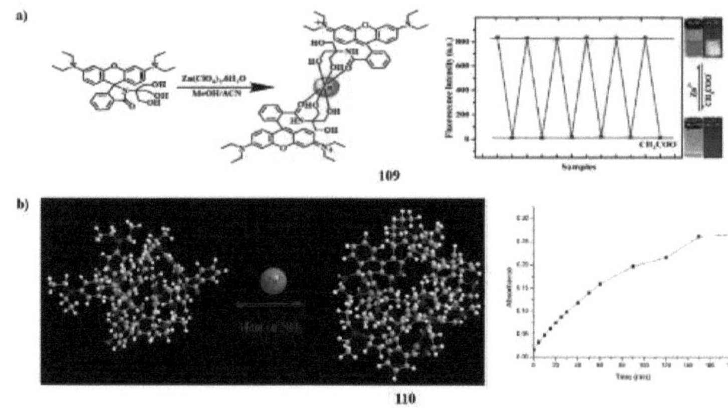

Figura 57. a). Estudo do quimiossensor de zinco a partir do corante rodamina (**109**) no plasma sanguíneo humano. b). Aplicações biológicas do quimiossensor de Zn (II) conjugado com amina tripodal [tris(pirrolil-α-metil)amina]-rodamina (**110**).

Além disso, a Gaussian 09 descobriu que as estruturas optimizadas em termos de energia da sonda se assemelhavam a gaiolas, fornecendo provas adicionais de que pode atingir excessos significativos de Zn^{2+} . Surpreendentemente, as imagens de microscopia confocal das células HeLa mostraram que esta sonda pode ser aplicada a utilizações biológicas (**Figura**

57b).[129] Foi descoberto e produzido o composto de deteção multifuncional contendo triazina (**111**), que contém hidrazida de rodamina B, base de Schiff e grupo hidroxilo fenólico. Após a estrutura molecular ter sido caracterizada utilizando FTIR, NMR, espectros de massa e análise de elementos. Houve reacções fluorescentes ao Zn^{2+} em muitos canais. Um sinal de fluorescência intensificado a 580 nm em CH_3 CN-água e emissões de fluorescência intensas a 481 nm em DMF-água para Zn^{2+} com uma mudança de cor de incolor para amarelo-verde claro. Os seus vários modos de ação para os complexos de Zn^{2+} foram investigados e verificados através de simulação teórica, titulação de fluorescência, constante de ligação, curva de Job e^1 H NMR. Para a deteção multicanal de Zn^{2+} , poderá ser um quimio-dosímetro fluorescente de ativação viável com um limite de deteção de Zn^{2+} de 3,0 nM (**Figura 58a**). [130]

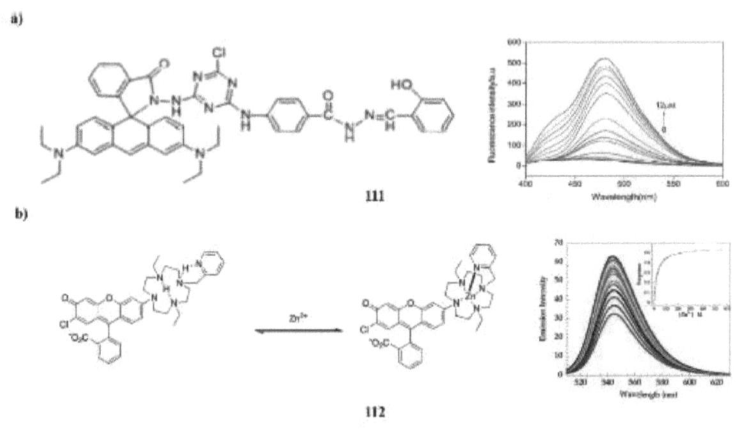

111

112

Figura 58. a). Estudo fotofísico da deteção multicanal de Zn^{2+} (**111**). b). Estudo de fluorescência de sensores de Zn baseados em rodafluor^{2+} (**112**).

A série de sensores de rodafluor foi sintetizada e foi criado um tipo inteiramente novo de sensor ratiométrico de Zn^{2+} (**112**) que utiliza fluoresceína híbrida e uma substância chamada fluoróforo. A associação de um tetraazamacrociclo triprotegido (cicleno) à 3-bromoanisidina é a etapa crucial da síntese. Liga-se ao Zn^{2+} com uma constante de dissociação de 13,5 μM e um aumento de 50% no rendimento quântico. A taxa de duplicação da intensidade torna a sonda útil para uma aplicação rápida, embora apenas tenham sido observadas pequenas alterações no comprimento de onda de absorção, porque a protonação das moléculas de azoto aminado no macrociclo inibe o sensor simples de adotar o monómero adequado (**Figura 58b**).[131]

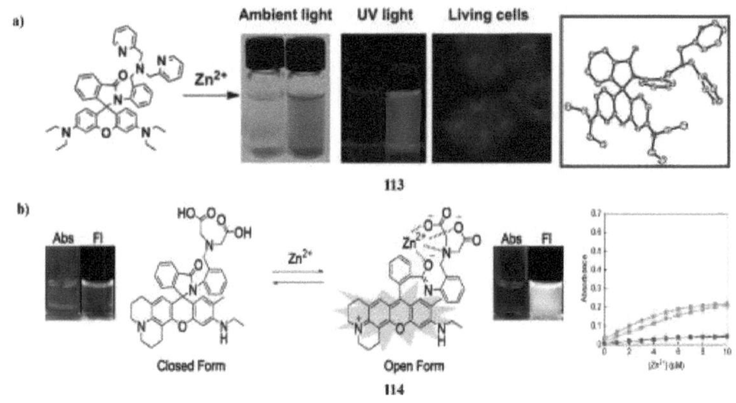

Figura 59. a). Estudo em células vivas do sensor de zinco fluorescente vermelho (**113**). b). Propriedades de absorção do sensor de rodamina Zn^{2+} (**114**).

O ligando RhB (**113**), baseado na rodamina B, apresenta uma fluorescência vermelha significativa, que se liga, em fluidos aquosos e em células vivas, apenas quando estão presentes iões de zinco. Quando o zinco está ligado, o rendimento quântico aumenta cerca de 220 vezes, mas a fluorescência pode ser interrompida pela adição do quelante de zinco adequado. Estas caraterísticas tornarão as sondas úteis na investigação atualmente em curso sobre os papéis neuroquímicos do zinco móvel (**Figura 59a**).[132] Uma das formas mais úteis de regular as qualidades da fluorescência é o procedimento de abertura do anel de espirolactama do derivado da rodamina (**114**). Além disso, a resposta de equilíbrio aberto/fechado da rodamina espirolactama ainda não foi adequadamente estudada. Consequentemente, a ligação entre a estrutura do xanteno e o processo de abertura do anel da espirolactama resulta em derivados de rodamina. Com base nos resultados da sua experiência, escolheram uma potencial fração de xanteno para sensores de Zn^{2+} e criaram com êxito uma nova sonda fluorescente para Zn^{2+} (**Figura 59b**). [133]

Os métodos espectroscópicos foram utilizados para sintetizar e caraterizar minuciosamente o conjunto Zn^{2+} e RhB-3-alil salicilaldeído hidrazona (**115**). No caso de radiação UV, uma solução de Zn^{2+} em THF apresenta mudanças de cor de amarelo claro para rosa. Devido ao tautomerismo ceto-enol, que permite que o anel de espirolactama da rodamina se divida na presença de luz UV, este procedimento é reversível. Este facto é confirmado pela existência de outro pico em λ_{max} = 554 nm. O conjunto apresenta processos de foto-padrão causados por fontes de luz comuns, como a luz solar, e está revestido numa matriz de sílica gel. É utilizada uma caneta laser para demonstrar as suas capacidades de foto-impressão, tendo sido também demonstrada através de videografia. Uma via de síntese simples e uma reação rápida, combinadas com um sistema de armazenamento de dados binários que inclui uma identidade ótica não destrutiva, ajudam a sonda modular a ultrapassar problemas reais (**Figura 60a**).[134] É criado um sensor cromogénico e fluorogénico de Zn^{2+} adicionando duas moléculas de 1,2,3-triazole ao derivado de rodamina (**116**) através de um ligante diaminopropil. Quando o Zn^{2+} está presente, uma solução incolor de cor-de-rosa apresenta um forte aumento da fluorescência (140 vezes) a 579 nm e uma absorção máxima a 555 nm. Apresenta uma elevada seletividade para o Zn^{2+} , para além de outros iões metálicos, com uma constante de ligação (Ka) de $7,4 \times 10^3$ M^{-1} e uma gama de deteção de 1 μM, respetivamente. Derivados idênticos da rodamina com um único grupo triazolil ou um ligante mais curto são ineficazes como quimiossensores de Zn^{2+} . As células HeLa em cultura podem reagir com Zn intracelular^{2+} (**Figura 60b**).[135]

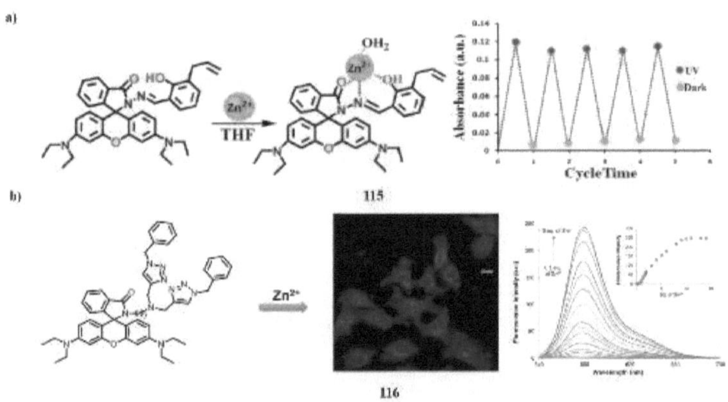

Figura 60. a). Estudo da impressão fotográfica do sensor de Zn^{2+} à base de rodamina B-3-alilsalicilaldeído hidrazona (**115**). b). Aplicação de bioimagem do sensor de zinco (II) fluorescente à base de rodamina (**116**).

Para criar um ligando heteroditópico fluorescente, um fluoroionóforo do tipo transferência interna de carga (ICT) é ligado covalentemente à forma de espirolactama da rodamina (**117**). Pode sofrer variações batocrómicas consecutivas na emissão ao longo de um gradiente crescente de concentração de Zn(ClO)$_{42}$ em acetonitrilo, e pode ser estimulado no espetro visível. A primeira mudança de cor da emissão de azul para verde é causada pela coordenação de Zn^{2+} , que mantém o elemento arilvinil-bipy da sonda no estado excitado ICT. O componente não fluorescente da espirolactama da sonda transforma-se em rodamina fluorescente a concentrações suficientemente elevadas de Zn(ClO)$_{42}$, alterando a cor da emissão de verde para laranja através da comutação FRET intramolecular do fluoróforo arilvinil-bipy ligado ao Zn^{2+} para rodamina. As alterações consecutivas da banda de emissão induzidas pelo analito, utilizadas em projectos de quimiossensores raciométricos, levaram à amostragem de numerosas cores em várias gamas de concentração. Também ilustra o mecanismo de transferência de electrões utilizado pela rodamina espirolactama para extinguir a fluorescência. A coordenação do Zn^{2+} influencia a taxa lenta de abertura do anel da espirolactama em condições de água com pH neutro (**Figura 61a**).[136] Foi criada uma nova sonda fluorescente (**118**) que emite luz vermelha. Este composto mostrou uma boa amplificação enantioselectiva da fluorescência a $\lambda = 655$ nm na presença de Zn^{2+} quando sujeito a vários aminoácidos em soluções aquosas. Devido às suas enantioselectividades opostas, possui uma amplificação enantioselectiva da fluorescência a $\lambda = 505$ nm e criou um par de sensores pseudo-enantioméricos. O par de sensores é capaz de detetar simultaneamente os dois enantiómeros quirais de aminoácidos em dois comprimentos de onda muito distintos. Foi utilizado para detetar visualmente e semiquantitativamente várias proporções enantioméricas de aminoácidos. A medição da [D-His]% foi facilitada pela mudança de cor das misturas de verde para amarelo, laranja e vermelho sob a influência de uma luz UV (**Figura 61b**).[137-139]

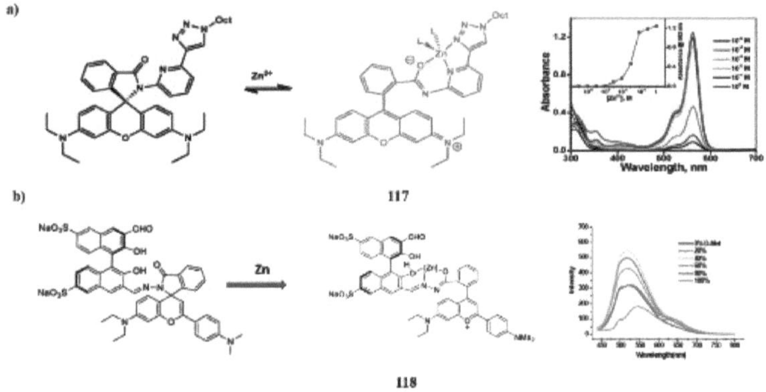

Figura 61. a). Espectros de emissão tricolor do sensor de Zinco (II) (**117**). b). Estudo fotofísico do sensor fluorescente de Zn (II) (**118**).

O potencial dos sensores de zinco à base de rodamina como ferramenta versátil e promissora para a deteção e quantificação de iões de zinco em amostras biológicas e ambientais é sublinhado pelo seu mecanismo de deteção baseado na fluorescência, que é impulsionado pela coordenação de iões de zinco com grupos químicos específicos na molécula do sensor. Este mecanismo permite as suas diversas aplicações em imagiologia biológica, monitorização ambiental, diagnóstico médico e desenvolvimento de medicamentos. Os esforços de investigação em curso destinados a aumentar a sensibilidade, a seletividade e a biocompatibilidade destes sensores, bem como o desenvolvimento de novas técnicas de imagiologia e tecnologias de sensores, realçam o seu potencial para aplicações no mundo real. Dada a sua capacidade para visualizar iões de zinco em células vivas, monitorizar níveis ambientais de zinco, diagnosticar concentrações anormais de zinco em fluidos biológicos e contribuir para o desenvolvimento de medicamentos, os sensores de zinco à base de rodamina são uma área de investigação ativa com perspectivas futuras promissoras em vários domínios.

8. CONCLUSÃO

Os sensores fotoresponsivos à base de rodamina têm atraído grande atenção nos domínios da química dos materiais, da biologia, da medicina e dos cuidados de saúde. São uma grande promessa para o futuro. Estes quimiosensores têm a capacidade de detetar e responder a espécies químicas específicas através de alterações nas suas propriedades de fluorescência quando expostos a luz de um determinado comprimento de onda. Isto torna-os ferramentas valiosas para estudar processos biológicos, monitorizar poluentes ambientais e detetar várias substâncias analíticas em amostras complexas. Além disso, é provável que a investigação e o desenvolvimento em curso no domínio dos quimiossensores fotorresponsivos conduzam à criação de sondas mais sensíveis, selectivas e versáteis com propriedades fotofísicas melhoradas e melhor desempenho em diversas aplicações. Consequentemente, as perspectivas futuras dos quimiosensores fotorresponsivos à base de rodamina parecem ser brilhantes, com potenciais avanços em áreas como o diagnóstico médico, a monitorização ambiental e a ciência dos materiais. A boa biocompatibilidade e a fluorescência no infravermelho próximo dos derivados da rodamina fazem deles uma excelente escolha para a construção de bio-sensores. Este livro resumiu o desenvolvimento e as realizações dos sensores à base de rodamina nos últimos anos e concluiu que ainda há espaço para melhorias na conceção e síntese de sensores.

REFERÊNCIAS

1. W. C. Chan, M. P. Ng, C. H. Tan, C. W. Ang, K. S. Sim, S. Y. X. Tiong, N. A. S. Pungut, C. H. Ng, K. W. Tan, Um novo quimiossensor lipofílico catiónico à base de rodamina para deteção de Al(III)/Cu(II) e alteração do pH intracelular e sua aplicação como sensor assistido por smartphone na análise de amostras de água, *J. Photochem*, **2023**, *436*, 114382.

2. S. S. Samanta, U. Mandal, B. Das, S. Mandal, P. Upadhyay, T. D. Singh, A. Misra, Rhodamine B-Quinoline based schiff base as fluorescent 'turn on' sensor of Al^{3+} , Cr^{3+} , HSO^{4-} and its cytotoxicity and cell imaging application on TPC-1 and HtH-7 cell lines, *J. Photochem*, **2023**, *442*, 114806.

3. N. Belko, H. Maltanava, A. Lugovski, R. A. S. Ferreira, S. F. H. Correia, P. Shabunya, S. Fatykhava, A. Tabolich, T. Kulahava, A. Bahdanava, M. Ferreira, J. Tedim, S. Poznyak, M. Samtsov, pH-Sensitive fluorescent sensor for Fe(III) and Cu(II) ions based on rhodamine B acylhydrazone: Mecanismo de deteção e bioimagem em células vivas, *Microchem. J*, **2023**, *191*, 108744.

4. B. Gheitarani, M. Golshan, S. A. S. Mirmahalleh, M. S. Kalajahi, M. S. Hosseini, A. A. Alizadeh, Sensores poliméricos fluorescentes baseados em

N-(rodamina-G) lactama-N′-alil-etilenodiamina e 7-(aliloxi)-2H-cromen-2-ona para deteção de iões Fe^{3+} , *Colloids Surf*, **2023,** *656*, 130473.

5. Y. Li, H. Li, T. Wang, G. Liu, G. Wang, M. Liu, L. Pan, J. He, K. Li, Surface-molecularly imprinted ratiometric fluorescence sensor for fast, sensitive and selective determination of rhodamine 6G, *Dyes Pigm*, **2023**, *219*, 111602.

6. O. Aduroja, I. Abiye, A. Fathima, S. Tadesse, B. Ozturk, J. Wachira, F. Abebe, Síntese assistida por micro-ondas para um sensor fluorescente derivado de rodamina 6G altamente seletivo e bioimagem, *Inorg Chem Commun*, **2023**, *147*, 110236.

7. J. Y. Chen, P. Yang, H. Y. Huang, A. L. Tang, M. H. Ge, W. Niu, S. T. Liu, S. Tan, W. J. Ma, X. Zhou, L. W. Liu, S. Yang, Rhodamine-based fluorescent sensors for the rapid and selective off-on detection of salicylic acid and their use in plant cell imaging, *Org. Biomol. Chem.*, **2023**, *21*, 6783-6788.

8. R. Lalitha, S. Velmathi, Um estudo de quimiossensores derivados de rodamina baseados em pequenas moléculas e suas implicações em

sistemas ambientais e biológicos de 2012 a 2021: Latest Advancement and Future Prospects, *J Fluoresc*, **2023**, https://doi.org/10.1007/s10895-023-03231-1.

9. Z. Ding, X. Dou, G. Wu, C. Wang, J. Xie, Nanoscale semiconducting polymer dots with rhodamine spirolactam as fluorescent sensor for mercury ions in living systems, *Talanta*, **2023**, *259*, 124494.

10. H. N. Genc, O. G. Yasar, S. N. K. Elmas, F. N. Arslan, I. Yilmaz, A. Sirit, quimiossensor colorimétrico e de fluorescência de olho nu baseado num derivado de rodamina para Hg^{2+} : Dispositivo para smartphone, kit de teste e aplicações em amostras de alimentos, *J. Photochem*, **2023**, *438*, 114538.

11. N. A. S. Pungut, C. H. Tan, H. M. Saad, K. S. Sim, S. Y. X. Tiong, C. W. Ang, C. H. Gan, K. V. Kong, K. W. Tan, Um novo quimiossensor duplo à base de cinamaldeído-rodamina para Cu^{2+} e Fe^{3+} e a sua aplicabilidade na imagiologia de células vivas, *J. Photochem*, **2023**, *438*, 114540.

12. P. Ghosh, P. Roy, Structure-metal ion selectivity of rhodamine-based chemosensors, *Chem. Commun*, **2023**, *59*, 5174-5200.

13. H. Zheng, H. Sun, Z. Zhang, Y. Qian, X. Zhu, J. Qu, Um biossensor sensível baseado em nanohorn de carbono/rhodamina B para a deteção da toxicidade de microplásticos de poliestireno e poluentes típicos, *Microchem. J*, **2023**, *193*, 109036.

14. S. Zhoutong, L. Jun, W. Gang, C. Biao, Conceção e síntese de um quimiossensor multifuncional à base de rodamina para deteção simultânea de Cu^{2+} , Zn^{2+} e histidina endógena (His) e sua aplicação em células HeLa vivas e zebrafishes, *Colloids Surf*, **2023**, *667*, 131193.

15. J. P. Hu, Q. Lin, H. Yao, Y. M. Zhang, T. B. Wei, Fluorescência e deteção baseada em colorimetria de Hg^{2+} e Cu^{2+} usando derivado de rodamina, *Appl Organomet Chem*, **2022**, *37*, e6938.

16. Q. Zhang, Z. Zhang, S. Xu, A. Liu, L. Da, D. Lin, C. Jiang, Sistema de deteção de transferência de elétrons fotoinduzido g-C N_{34} \Rhodamine B para a quantificação de fluorescência ratiométrica de Carbendazim, *Anal. Chem.*, **2023**, *95*, 4536-4542.

17. Q. Li, Y. Liu, L. Liang, X. Zhang, K. Huang, D. Qin, A terpyridyl-rhodamine hybrid fluorescent probe for discriminative sensing of Hg (II)

and Cu (II) in water and applications for molecular logic gate and cell imaging, *Spectrochim. Ata A Mol. Biomol. Spectrosc.* **2023,** *302*, 123124.

18. P. Rajendran, R. SathishKannan, K. Karpagalakshmi, L. Piramuthu, E. R. Nagarajan, S. Subbiah, C. Yang, N. Selvapalam, Fluorescence Sensor for Water in Organic Solvent Using Graphene Oxide- Rhodamine B and Cucurbit[7]uril. *J Fluoresc.*, **2023**, *33*, 911-921.

19. M. B. Maity, D. Talukdar, B. Dutta, G. Bairy, N. Murmu, G. Das, C. Sinha, Application of a Rhodamine-chromone Schiff base probe for the sensing of Fe^{3+} , Al^{3+} , Cr^{3+} at low concentration and exploration of the anticancer activity and bio-imaging, *Inorg. Chim. Ata*, **2023**, *545*, 121276.

20. Y. Chen, J. Hao, Z. Yin, Q. Wang, Y. Zhou, L. Jia, H. Li, W. Liao, K. Liu, Um sensor SERS ratiométrico de precisão melhorada para rodamina 6G em pó de pimenta utilizando um suporte de estrutura metal-orgânica, *RSC Adv.*, **2023**, *13*, 10135-10143.

21. A. Dhara, A. Jana, N. Guchhait, P. Ghosh e S. K. Kar. Clips moleculares à base de rodamina para reconhecimento altamente seletivo de Al^{3+} iões: síntese, estrutura cristalina e propriedades espectroscópicas, *New J. Chem.,* **2014**, *38*, 1627-1634.

22. Y. S. Mi, D. M. Liang, Y. T. Chen, X. B. Luo e J. N. Xiang, Um interrutor molecular do tipo rodamina-quinolina como um sensor sequencial altamente seletivo para Al^{3+} e F^- em solução aquosa. *RSC Adv.*, **2014**, *4*, 42337-42357.

23. A. Roy, R. Mukherjee, B. Dam, S. Dam, P. Roy, quimiossensor fluorescente à base de rodamina para Al^{3+} : É possível controlar a seletividade do ião metálico do quimiossensor à base de rodamina-6G, *New J. Chem.*, **2018**, *42*, 8415-8425.

24. C. Yu, L. Jian, Y. Ji, J. Zhang, quimiossensor "off-on" responsivo a Al(III) baseado em derivado de rodamina e sua aplicação em imagens de células, *RSC Adv.*, **2018**, *8*, 31106-31112.

25. X. Leng, W. Xu, C. Qiao, X. Jia, Y. Longa, B. Yang, Novas sondas cromo-fluorogénicas à base de rodamina B para a deteção altamente seletiva de iões de alumínio(III) e a sua aplicação na imagiologia de células vivas, *RSC Adv.*, **2019**, *9*, 6027-6034.

26. C. Kan, X. Wang, X. Shao, L. Wu, S. Qiu, J. Zhu. Uma nova sonda fluorescente de iões de alumínio baseada em derivados de rodamina e a

sua aplicação na imagiologia biológica, *New J. Chem*, **2021,** *45*, 8918-8924.

27. J. Y. Xie, C. Y. Li, Y. F. Li, Y. J. Fu, S. X. Nie, H. Y. Tan, Um quimiossensor de infravermelhos próximos para a determinação de iões de alumínio trivalente em células e tecidos vivos, *Dyes Pigm.,* **2017**, *136,* 817-824.

28. Q. Huang, Q. Zhang, E. Wang, Y. Zhou, H. Qiao, L. Pang, F. Yu, A new "off-on" fluorescent probe for Al^{3+} in aqueous solution based on rhodamine B and its application to bioimaging, *Spectrochim Ata A Mol Biomol Spectrosc*, **2016**, *152*, 70 76.

29. T. Yang, Y. Zuo, Y. Zhang, Z. Gou, W. Lin, nova sonda fluorescente de rodamina B à base de polissiloxano para a deteção seletiva de Al^{3+} e a sua aplicação em imagens de células vivas e peixes-zebra, *Spectrochim Ata A Mol Biomol Spectrosc*, **2019**, *216*, 207-213.

30. R. Kaur, S. Saini, N. Kaur, N. Singh, D. Jang, Rhodamine-based fluorescent probe for sequential detection of Al^{3+} ions and adenosine

monophosphate in water, *Spectrochim Ata A Mol Biomol Spectrosc*, **2020**, *225*, 117523.

31. J. W. Jeong, B. A. Rao, J. Y. Lee, J. Y. Hwang, Y. A. Son, Um quimiossensor fluorescente 'OFF-ON' baseado em rodamina 6G-2-cloronicotinaldeído para a deteção de iões Al^{3+} , *Sens. Actuators B: Chem,* **2016**, *227*, 277-241.

32. K. S. Ku, P. Muthukumar, S. Angupillai, Y. A. Son, um novo quimiossensor baseado em rodamina 6G para nível de traço Al^{3+} e sua aplicação de filme fino em meio 100% aquoso, *Sens. Actuadores B: Chem,* **2016**, *236*, 184-191.

33. C. Kan, L. Wu, X. Wang, X. Shao, S. Qiu, J. Zhu, Rhodamine B-based chemiluminescence sensor for aluminum ion monitoring and bioimaging applications, *Tetrahedron*, **2021**, *85*, 132054.

34. J. C. Qin, J. Yan, B. Wang, Z. Yang, Rhodamine-naphthalene conjugate as a novel ratiometric fluorescent probe for recognition of Al^{3+} , *Tetrahedron Lett.,* **2016**, *57*, 1935-1939.

35. N. Mergu, A. K. Singh, V. K. Gupta, Quimiossensores Colorimétricos e Fluorescentes Reversíveis Off-On Altamente Sensíveis e Selectivos para Al^{3+} Baseados no Fluoróforo de Rodamina, *Sensors,* **2015**, *15*, 9097-9111.

36. Z. Zhou, M. Yu, H. Yang, K. Huang, F. Li, T. Yi, C. Huang, FRET-based sensor for imaging chromium(III) in living cells, *Chem. Commun.*, **2008**, 3387-3389.

37. D. Liu, T. Pang, K. Ma, W. Jianga, X. Bao, Um novo quimiossensor de fluorescência altamente sensível e seletivo para Cr^{3+} baseado em rodamina B e um conjugado de 4,13-diaza-18-coroa 6-éter, *RSC Adv.*, **2014**, *4*, 2563-2567.

38. A. K. Bhanja, S. Mishra, K. Naskar, S. Maity, K. D. Saha, C. Sinha, Reconhecimento específico de Cr^{3+} em condições fisiológicas por apêndice alil substituído Rhodamine e seus estudos de imagem celular, *Dalton Trans.*, **2017**, *6*, 16516-16524.

39. C. Kaewtong, S. Kampaengsri, T. Tuntulani, B. Pulpoka, Um sensor de base solvatocrómica para o crómio (III) em sistemas reais, *New J. Chem.*, **2018**, *42*, 9930-9934.

40. X. M. Li, R. R. Zhao, Y. Yang, X. W. Lv, Y. L. Wei, R. Tan, J. F. Zhang, Y. Zhou, A Rhodamine-based fluorescent sensor for chromium ions and its application in bioimaging, *Chin. Chem. Lett,* **2017**, *28*, 1258-1261.

41. D. Xue, C. Zheng, C. Fan, G. Liu, S. Pu, A colorimetric fluorescent sensor for Cr^{3+} based on a novel diarylethene with a naphthalimide-rhodamine B group, *J. Photochem. Photobiol. A: Chem,* **2015**, *303*, 59-66.

42. S. Sahana, G. Mishra, S. Sivakumar, P. K. Bharadwaj, Rhodamine-Cyclohexane diamine based "turn-on" fluorescence chemosensor for Cr^{3+} : Estudos fotofísicos e de imagiologia celular confocal, *J. Photochem. Photobiol. A: Chem*, **2018**, *351*, 42-49.

43. S. Adhikari, S. Ta, A. Ghosh, S. Guria, A. Pal, M. Ahir, A. Adhikary, S. K. Hira, P. P. Manna, D. Das, A 1,8 Naphthalimide anchor Rhodamine B Based FRET Probe for Ratiometric Detection of Cr3+ion in Living Cells, *J. Photochem. Photobiol. A: Chem*, **2019**, *372*, 49-58.

44. Y. Lei, Y. Su, J. Huo, A novel fluorescent sensor for Cr^{3+} based on rhodamine-cored poly (amidoamine) dendrimer, *Spectrochim Ata A Mol Biomol Spectrosc*, **2011**, *83*, 149-154.

45. X. Hu, J. Chai, Y. Liu, B. Liu, B. Yang, Probing chromium(III) from chromium(VI) in cells by a fluorescent sensor, *Spectrochim Ata A Mol Biomol Spectrosc*, **2016**, *153*, 505-509.

46. Q. Diao, P. Ma, L. Lv, T. Li, X. Wang, D. Song, Uma nova sonda fluorescente para Cr^{3+} baseada no conjugado rodamina-éter de coroa e sua aplicação ao exame de água potável e bioimagem, *Spectrochim Ata A Mol Biomol Spectrosc.*, **2016**, *156*, 15-21.

47. O. Sunnapu, N. G. Kotla, B. Maddiboyin, G. S. Asthana, J. Shanmugapriya, K. Sekar, S. Singaravadivel, G. Sivaraman, quimiossensor eficaz baseado em rodamina para cromo (III) e sua aplicação em imagens de células vivas, *Sens. Actuators B: Chem,* **2017**, *246*, 761-768.

48. K. Huang, H. Yang, Z. Zhou, M. Yu, F. Li, X. Gao, T. Yi e C. Huang, Quimiossensor multissinal para Cr^{3+} e sua aplicação em bioimagem, *Org. Lett*, **2008**, *10*, 2557-2560.

49. A. Dhara, N. Guchhait, S. K. Kar, Uma nova sonda de ativação da fluorescência Cr^{3+} baseada na estrutura de rodamina e isatina, *J. Fluoresc.*, **2015**, *25*, 1921-1929.

50. M. Hosseini, M. Khoobi, R. Tarasi, M. R. Ganjali, Um sensor quimiossensor seletivo colorimétrico e de fluorescência para Cr^{3+} baseado em um derivado de base de rodamina, *Res. Chem. Intermed*, **2018**, *44*, 5031-5042.

51. C. Yu, J. Zhang, J. Li, P. Liu, P. Wei, L. Chen, Sonda fluorescente para iões cobre(II) baseada num derivado de espirolactama de rodamina e sua aplicação à imagiologia fluorescente em células vivas, *Microchim Ata*, **2011**, *174*, 247-255.

52. M. Ozdemir, Y. Yilmaz, uma sonda artificial "off-on" eficaz baseada no derivado de rodamina B para o reconhecimento sensível e seletivo de iões Cu^{2+} , *J. Sci. Tech.*, **2020**, *13*, 811-827

53. H. Park, K. L. An, M. Naveen, K. Jun, Y. A. Son, quimiossensores colorimétricos e fluorescentes à base de rodamina para a deteção de iões Cu^{2+} e sua aplicação à bioimagem, *Bull. Korean Chem. Soc.*, **2018**, *39*, 972-981.

54. D. Guo, Z. Dong, C. Luo, W. Zan, S. Yan e X. Yao, Um sensor fluorescente "turn-on" baseado em rodamina B para detetar Cu^{2+} e aniões de enxofre em meios aquosos, *RSC Adv.*, **2014**, *4*, 5718

55. R. Arumugaperumal, V. Srinivasadesikan, M. C. Lin, M. Shellaiah, T. Shukla, H. C. Lin, Sensores colorimétricos à base de rodamina fáceis para detecções sequenciais de ião Cu (II) e anião pirofosfato ($P\ O_{27}^{4-}$), *RSC Adv.*, **2016**, *6*, 106631-106640.

56. K. Radhakrishnan, P. Panneerselvam, A. Ravikumar, Um nanocompósito híbrido de sílica fibrosa com núcleo magnético para uma deteção fluorescente altamente eficaz baseada em quimiossensor de Cu (II), *RSC Adv.*, **2017**, *7*, 45824-45833.

57. C. Kar, M. D. Adhikari, A. Ramesh, G. Das, Sensoriamento baseado em NIR e FRET de Cu^{2+} e S^{2-} em condições fisiológicas e em células vivas, *Inorg. Chem*, **2013**, *52*, 743-752.

58. F. Abebe, J. Gonzalez, K. M. Dennis, R. Shaw, Um novo quimiossensor colorimétrico à base de bis(rodamina) para Cu^{2+} , *J. Inorg. Chem.*, **2020**, *120*, 108154.

59. P. Milindanuth, P. Pisitsak, Um novo sensor colorimétrico baseado no derivado de rodamina-B e celulose bacteriana para a deteção de iões Cu (II) em água, *Mater. Chem.Phys.,* **2018**, *216*, 325-331.

60. J. Zhang, L. Zhang, Y. Wei, J. Chao, S. Shuang, Z. Cai, C. Dong, Uma sonda colorimétrica selectiva à base de rodamina para a deteção do ião cobre(II), *Spectrochim Ata A Mol Biomol Spectrosc.,* **2014**, *132*, 191-197.

61. L. Tang, X. Dai, X. Wen, D. Wu, Q. Zhang, Um sensor conjugado de rodamina-benzotiazol para reconhecimento colorimétrico, ratiométrico e sequencial de cobre (II) e sulfeto em meio aquoso, *Spectrochim Ata A Mol Biomol Spectrosc.*, **2015**, *139*, 329-334.

62. J. Wang, L. Long, D. Xie, X. Song, Cu^{2+}- quimiossensor seletivo "Off-On" baseado no derivado de rodamina com a porção 8-hidroxiquinolina e sua aplicação em imagens de células vivas, *Sens. Actuators B: Chem.*, **2014**, *177*, 27-33.

63. L. Yang, X. Zhang, J. Yang, M. S. Yuan, J. Wang, Um quimiossensor à base de rodamina e uma bola de gel funcionalizada para detetar e adsorver iões de cobre, *Tetrahedron*, **2021**, *80*, 131893.

64. J. W. Yoon, M. J. Chang, S. Hong, M. H. Lee, Uma sonda fluorescente para cobre e hipoclorito baseada na estrutura de hidrazida de rodamina, *Tetrahedron Lett.*, **2017**, *58*, 3887-3893.

65. N. Doumani, E. B. Maroun, J. Maalouly, M. Tueni, A. Dubois, C. Bernhard, F. Denat, P. Cayot, N. Sok, Uma nova sonda fluorescente macrocíclica à base de rodamina B dependente do pH para a deteção de cobre no vinho branco, *Sensors*, **2019**, *19*, 4514.

66. P. Xie, F. Guo, C. Li, Y. Xiao, Um novo quimiossensor baseado na hidrazona de rodamina 101 para Cu (II) na região vermelha, *Can. J. Chem.*, **2011**, *89*, 1364-1369.

67. J. Wang, L. Long, G. Xiao, F. Fang, Sensores Fluorescentes Reversíveis para Fe^{3+} com base num Recetor Composto por Átomos de Tri-oxigénio de Grupos Amida em Água, *Open Chem.*, **2018**, *16*, 1268-1274.

68. J. Gao, Y. He, Y. Chen, D. Song, Y. Zhang, F. Qi, Z. Guo, W. He, Sonda Fluorescente FRET Reversível para Rastreamento Ratiométrico de Fe Endógeno^{3+} em Ferroptosis, *Inorg. Chem.*, **2020**, *59*, 10920-10927.

69. B. Wang, J. Hai, Z. Liu, Q. Wang, Z. Yang, S. Sun, Selective Detection of Iron(III) by Rhodamine-Modified Fe O_{34} Nanoparticles, *Angew. Chem. Int. Ed.*, **2010**, *49*, 4576-4579.

70. Y. Wang, Y. L. Pak, Q. Xu, Uma sonda fluorescente selectiva para iões férricos baseada na rodamina 6G, *Bull. Korean Chem. Soc.*, **2021**, *42*, 262-264.

71. J. Huang, Y. Xu, X. Qian, sensor fluorescente off-on à base de rodamina para Fe^{3+} - em solução aquosa e em células vivas: recetor de 8-aminoquinolina e ligação 2:1, *Dalton Trans.*, **2014**, *43*, 5983.

72. S. Maiti, Z. Aydin, Y. Zhang, M. Guo, Sondas Fluorescentes Turn-on baseadas em reação com respostas magnéticas para Fe^{2+} Deteção em células vivas, *Dalton Trans.*, **2015**, *44*, 8942-8949.

73. X. Han, D. E. Wang, S. Chen, L. Zhang, Y. Guo, J. Wang, Um novo quimiossensor à base de rodamina para a deteção fluorescente de Fe ,$^{3+}$ *Anal. Methods*, **2015**, *7*, 4231-4236.

74. S. Das, K. Aich, S. Goswami, C. K. Quah, H. K. Fun, sensor colorimétrico e ratiométrico de fluorescência baseado em FRET para discriminar Fe^{3+} de Fe^{2+}, *New J. Chem.*, **2016**, *40*, 6414-6420.

75. R. Bhowmicka, A. S. M. Islam, U. Saha, G. S. Kumar, M. Ali, quimiossensor de ativação baseado em rodamina para Fe^{3+} em meio aquoso e interações de seu complexo Fe^{3+} com DNA, *New J. Chem.*, **2018**, *42*, 3435-3443.

76. Q. Diao, H. Guo, Z. Yang, W. Luo, T. Li, D. Hou, Uma sonda fluorescente "turn-on" baseada em Rodamina-6G para deteção seletiva Fe^{3+} em células vivas, *Anal. Methods*, **2019**, *11*, 794-799.

77. Z. Cheng, L. Zheng, H. Xu, L. Pang, H. He, Uma sonda fluorescente à base de rodamina para Fe^{3+} : Síntese, cálculo teórico e aplicação de bioimagem, *Anal. Methods*, **2019**, *11*, 2565-2570.

78. W. Shena, L. Wang, M. Chen, H. Lu, Um novo derivado de rodamina b rbmab como um quimiossensor altamente seletivo e sensível para Fe^{3+} com baixo limite de deteção, *Quim. Nova*, **2016**, *39*, 1151-1158.

79. X. Qiu, J. Huang, N. Wang, K. Zhao, J. Cui, J. Hao, Síntese fácil de quimiossensores poliméricos à base de rodamina solúveis em água *via* reação de base de Schiff para Fe^{3+} Deteção e imagem de células vivas, *Front. Chem.*, **2022**, *10*, 845627.

80. R. Kagit, M. Yildirim, O. Ozay, S. Yesilot, H. Ozay, Sensor Fluorescente de Olho Nu Multicêntrico Baseado em Fosfazeno com Alta Seletividade para Fe^{3+} Ions, *Inorg. Chem.*, **2014**, *53*, 2144-2151.

81. G. G. Hou, C. H. Wang, J. F. Sun, M. Z. Yang, D. Lin, H. J. Li, Rhodamine-based "turn-on" fluorescent probe with high selectivity for Fe^{2+} imaging in living cells, *Biochem. Biophys. Res. Commun.*, **2013**, *439*, 459-463.

82. J. Bordini, I. Calandreli, G. O. Silva, K. Q. Ferreira, D. P. S. L. Mazzi, E. M. Espreafico, E. Tfouni, A rhodamine-B-based turn-on fluorescent sensor for biological iron(III), *Inorg. Chem. Commun.*, **2013**, *35*, 255-259.

83. S. Ghezelsefloo, J. K. Rad, M. Hajiali, A. R. Mahdavian, Rhodamine-based fluorescent polyacrylic nanoparticles Fe (II) chemosensor for and Fe (III) cations in water, *J. Environ. Chem. Eng,* **2021**, *9*, 105082.

84. K. P. Wang, W. J. Zheng, Y. Lei, S. J. Zhang, Q. Zhang, S. Chen, Z. Q. Hu, Uma díade tiofeno-rodamina como sonda de fluorescência para o ião férrico e a sua aplicação na imagiologia de células vivas, *J. Lumin.*, **2019**, *208*, 468-474.

85. X. Zhang, Z. Gou, Y. Zuo, W. Lin, Uma nova sonda fluorescente de rodamina B à base de poliéter através de uma reação de clique sucessiva e a sua aplicação na deteção de iões de ferro e na imagiologia celular, *Spectrochim Ata A Mol Biomol Spectrosc.,* **2020**, *228*, 117679.

86. M. Shellaiah, N. Thirumalaivasan, B. Aazaad, K. Awasthi, K. W. Sun, S. P. Wu, M. C. Lin e N. Ohta, Novel rhodamine probe for colorimetric and

fluorescent detection of Fe^{3+} ions in aqueous media with cellular imaging, *Spectrochim Ata A Mol Biomol Spectrosc.*, **2020**, *242*, 118757.

87. A. Singha, S. Sinha, R. Kaur, N. Kaur, N. Singh, Rhodamine based organic nanoparticles for sensing of Fe^{3+} with high selectivity in aqueous medium: Aplicação à análise de suplementos de ferro, *Sens. Actuators B: Chem.*, **2014**, *204*, 617-621.

88. F. Yan, T. Zheng, D. Shi, Y. Zou, Y. Wang, M. Fu, L. Chen, W. Fu, Rhodamine-aminopyridine based fluorescent sensors for Fe^{3+} in water: Síntese, interpretação química quântica e aplicação em células vivas, *Sens. Actuadores B: Chem*, **2015**, *215*, 598-606.

89. Z. Gao, C. Kan, H. Liu, J. Zhu, X. Bao, Uma sonda fluorescente altamente sensível e selectiva para Fe^{3+} contendo duas rodamina B e porções de tiocarbonilo e a sua aplicação à imagem de células vivas, *Tetrahedron*, **2019**, *75*, 1223-1230.

90. M. Kumar, N. Kumar, V. Bhalla, deteção nanomolar induzida por FRET de Fe^{2+} com base no derivado cinamaldeído-rodamina, *Tetrahedron Lett.*, **2011**, *52*, 4333-4336.

91. F. Song, X. Shao, J. Zhu, X. Bao, L. Du, C. Kan, Resposta de fluorescência reversível "turn-off-on" de Fe(III) para sonda baseada em Rodamina B in vivo e tecidos vegetais, *Tetrahedron Lett.*, **2019**, *60*, 1363-1369.

92. A. J. Weerasinghe, C. Schmiesing, S. Varaganti, G. Ramakrishna, E. Sinn, Sensores Fluorescentes Fe^{3+} com base em Bis(rodamina), *J. Phys. Chem. B*, **2010**, *114*, 9413-9419.

93. Y. Wang, R. Guo, X. Hou, M. Lei, Q. Zhou, Z. Xu, Sonda *Fluorescente* Altamente Sensível e Seletiva para Deteção de Fe^{3+} Baseado em Fluoróforo de Rodamina, *J. Fluoresc.* **2019**, *29*, 645-652.

94. P. Liu, A. Luo, Y. Wang, J. Hu, Q. Huang, H. Wang, Uma sonda -colorimétrica e fuorescente -baseada em bis -(rodamina) para a deteção de iões Fe^{3+} no soro e bioimagem, *Chem. Pap.*, **2018**, *72*, 2575-2587.

95. P. S. Badekar, G. C. N. Thakur, M. E. Varma, N. S. Ghatpande, P. P. Kulkarni e A. A. Kumbhar, Quimiossensor "Turn-On" de fluorescência à

base de rodamina: Deteção de Fe^{3+} Ion em meio aquoso e células vivas MCF-7, *ChemistrySelect*, **2021**, *6*, 2373-2378.

96. S. Chen, S. Zhang, Y. Han, Uma nova sonda de rodamina com grande deslocamento de Stokes para Hg^{2+} Deteção e sua aplicação na análise de amostras reais, *Tetrahedron Lett.,* **2020**, *61*, 152077.

97. M. D. C. Guzman, A. A. Aguilar, L. H. Adame, A. B. Frias, F. J. M. Rodríguez, G. Palestino, Um sensor sólido fluorescente ligado para deteção de Hg (II), *Nanoscale Res. Lett.*, **2014**, *9*, 431.

98. F. Yan, M. Wang, D. Cao, N. Yang, B. Ma, L. Chen, Preferência de Reconhecimento do Derivado de Rodamina com Ftalimido Gly para Hg^{2+} por UV-Vis e Espectroscopia de Fluorescência, *J. Spectrosc*, **2013**, 878234.

99. H. Wang, Y. Li, S. Xu, Y. Li, C. Zhou, X. Fei, L. Sun, C. Zhang, Y. Li, Q. Yang, X. Xu, Rhodamine-based highly sensitive colorimetric off-on fluorescent chemosensor for Hg^{2+} in aqueous solution and for live cell imaging, *Org. Biomol. Chem.*, **2011**, *9*, 2850.

100. L. Wang, B. Zheng, Y. Zhao, J. Du, D. Xiao, A Hg^{2+} quimiossensor fluorescente seletivo baseado na rodamina B tiohidrazida e sua aplicação em bioimagem, *Anal. Methods*, **2012**, *4*, 2369.

101. N. Kumari, N. Deya, S. Bhattacharya, sondas duplas à base de rodamina para a deteção selectiva de iões de mercúrio e fluoreto na água utilizando duas vias de deteção mutuamente independentes, *Analyst*, **2014**, *139*, 2370.

102. V. K. Bhardwaj, H. Sharma, N. Kaurb, N. Singh, Nanopartículas Orgânicas Fluorescentes (FONs) de Derivado Dipodal Anexado à Rodamina: Sensor Fluorescente Altamente Sensível para Deteção de Hg^{2+} em Meio Aquoso, *New J. Chem.*, **2013**, *37*, 4192-4198.

103. M. Saleem, R. Abdullah, A. Ali, B. J. Park, E. H. Choi, I. S. Hong, K. H. Lee, Síntese, citotoxicidade e bioimagem de um novo Hg^{2+} quimiossensor fluorogénico seletivo, *Anal. Methods*, **2014**, *6*, 3588.

104. D. Liu, J. Qi, X. Liu, Z. Cui, H. Chang, J. Chen, H. He, G. Yang, Um sensor fluorescente à base de rodamina para a deteção altamente selectiva

e sensível de mercúrio em solução aquosa e células vivas, *Anal. Methods*, **2014**, *6*, 3578.

105. Z. Wang, Z. Yang, T. Gao, J. He, L. Gong, Y. Lu, Y. Xiong, W. Xu. Um quimiossensor seletivo de Hg^{2+} baseado na auto-montagem de um novo copolímero em bloco anfifílico com porções derivadas de rodamina 6G em meios puramente aquosos, *Anal. Methods*, **2015**, *7*, 2738-2746.

106. H. Dinga, C. Zheng, B. Li, G. Liu, S. Pu, D. Jia, Y. Zhou, Um sensor baseado em rodamina para Hg^{2+} e o complexo resultante como um sensor de fluorescência para I^-, *RSC Adv.*, **2016**, *6*, 80723-80728.

107. R. Ayranci, D. O. Demirkol, S. Timur, M. Ak, Polímero Conjugado à Base de Rodamina: Deteção potenciométrica, colorimétrica e voltamétrica de iões de mercúrio em meio aquoso, *Analyst*, **2017**, *142*, 3407-3415.

108. A. Petdum, W. Panchan, J. Sirirak, V. Promarak, T. Sooksimuang, N. Wanichacheva, Sensoriamento colorimétrico e fluorescente de um novo sistema FRET *via* [5]heliceno e rodamina 6G para deteção de Hg^{2+}, *New J. Chem.*, **2018**, *42*, 1396-1402.

109. P. Venkatesan, N. Thirumalivasan, S. P. Wu, Um quimiossensor à base de rodamina com difenilselénio para a deteção altamente selectiva de Hg por fluorescência^{2+} in vitro e in vivo, *RSC Adv.*, **2017**, *7*, 21733-21739.

110. P. Sakthivel, K. Sekar, G. Sivaraman, S. Singaravadivel, conjugado de rodamina-benzotiazol como um sensor multimodal eficiente para iões Hg^{2+} e as suas aplicações de imagiologia em células vivas, *New J. Chem*, **2018**, *42*, 11665-11672.

111. W. Du, Y. Cheng, W. Shu, B. Wu, Z. Kong, Z. Qi, As influências de diferentes substituintes nas propriedades espectrais de quimiossensores à base de Rodamina B para iões de mercúrio e aplicação em células EC109, *Can. J. Chem.*, **2017**, *95*.

112. Y. Liu, E. B. Yang, R. Han, D. Zhang, Y. Ye, Y. F. Zhao, A new rhodamine-based fluorescent chemosensor for mercury in aqueous media, *Chin. Chem. Lett.*, **2014**, *25*, 1065-1068.

113. M. M. Hong, A. F. Liu, Y. Xu, D. M. Xu, Síntese e propriedades de três novos sensores fluorescentes à base de rodamina para Hg^{2+} , *Chin. Chem. Lett.*, **2016**, *27*, 989-992.

114. X. M. Li, R. R. Zhao, Y. L. Wei, D. Yang, Z. J. Zhou, J. F. Zhang, Y. Zhou, A rhodamine derivative for Hg^{2+} -selective colorimetric and fluorescent sensing and its application to in vivo imaging, *Chin. Chem. Lett.*, **2016**, *27*, 813-816.

115. C. Núñez, M. Diniz, A. A. Dos Santos, J. L. Capelo, C. Lodeiro, New rhodamine dimer probes for mercury detection via color changes and enhancement of the fluorescence emission: Reconhecimento rápido em dispositivos suportados em celulose, *Dyes. Pigm.*, **2014**, *101*, 156-163.

116. Z. Aydin, Y. Wei, M. Guo, Y. Wei, Z. Aydin, M. Guo, An "off-on" optical sensor for mercury ion detection in aqueous solution and living cells, *Inorg. Chem. Commun.*, **2014**, *50*, 84-87.

117. A. K. Şahutoğlu, İ. Kaya, Síntese e uma nova aplicação de sensor de íon mercúrio (II) de polímero condutor contendo rodamina B, *React Funct Polym,* **2019**, *141*, 50-57.

118. S. K. Patil, D. Das, Uma deteção nanomolar do ião mercúrio(II) por um sensor quimiodosimétrico à base de rodamina num meio aquoso:

potenciais aplicações em amostras reais de água e como tiras de papel, *Spectrochim Ata A Mol Biomol Spectrosc.,* **2019**, *210*, 44-51.

119. S. K. Patil, D. Das, Uma nova sonda ótica à base de rodamina para o ião mercúrio(II) em meio aquoso: uma deteção nanomolar, uma vasta gama de pH e uma aplicação real de amostras de água, *Spectrochim Ata A Mol Biomol Spectrosc.,* **2020**, *225*, 117504.

120. J. Hu, X. Yu, X. Zhang, C. Jing, T. Liu, X. Hu, S. Lu, K. Uvdal, H. W. Gao, Z. Hu, Deteção rápida de iões de mercúrio (II) e teor de água por um novo quimiossensor fluorescente à base de rodamina B, *Spectrochim Ata A Mol Biomol Spectrosc,* **2019**, *241*, 118657.

121. C. Liu, T. Xia, Y. Wang, F. Wang, X. Chen, Rhodamine based turn-on fluorescent sensor for Hg^{2+} and its application of microfluidic system and bioimaging, *Tetrahedron*, **2017**, *73*, 5189-5193.

122. Y. K. Yang, K. J. Yook, J. Tae, A Rhodamine-Based Fluorescent and Colorimetric Chemodosimeter for the Rapid Detection of Hg^{2+} Ions in Aqueous Media, *J. Am. Chem. Soc.,* **2005**, *127*, 16760-16761.

123. T. Rasheed, F. Nabeel, M. Bilal, Y. Zhao, M. Adeel, H. M. N. Iqbal, Aqueous monitoring of toxic mercury through a rhodamine-based fluorescent sensor, *Math. Biosci. Eng*, **2019**, *6*, 1861-1873.

124. B. Shen, Y. Qian, Z. Qi, C. Lu, Y. Cui, quimiodosímetro fluorescente de dois fótons no infravermelho próximo baseado em rodamina-BODIPY para imagens de fluorescência de íons de mercúrio em células vivas, *ChemistrySelect*, **2017**, *2*, 9970-9976.

125. P. G. Rao, B. Saritha, T. Siva Rao, quimiossensor colorimétrico e de fluorescência ligado para Hg^{2+} Deteção de íons em meios aquosos, *J. Fluoresc.*, **2019**, *29*, 353-360.

126. M. V. Karmegam, S. Karuppannan, D. B. C. Leslee, S. Subramanian, S. Gandhi, sensor colorimétrico e fluorogénico "turn-on" à base de fenotiazina-rodamina para Zn^{2+} e estudos de bioimagem em células vivas, *Luminescence*. **2019**, *35*, 90-97.

127. G. Sivaraman, T. Anand, D. Chellappa, quimiossensor fluorescente de ativação para Zn(II) *através da* abertura de anel de espirolactama de rodamina e sua imagem de células vivas, *Analyst*, **2012**, *137*, 5881-5884.

128. M. Devi, A. Dhir, C. P. Pradeep, Um complexo de zinco do tipo sanduíche a partir de um ligando à base de corante de rodamina: um potencial quimiossensor fluorescente para o acetato no plasma sanguíneo humano e uma porta lógica molecular com função INHIBIT, *New J. Chem.*, **2016,** *40*, 1269-1277.

129. R. Balamurugan, W. I. Chang, Y. Zhang, S. Fitriyani, J. H. Liu, quimiossensor de fluorescência Turn-On baseado numa amina tripodal [tris(pirrolil-α-metil)amina]-conjugado de rodamina para a deteção selectiva de iões de zinco, *Analyst*, **2016**, *141*, 5456-5462.

130. S. Guang, G. Wei, Z. Yan, Y. Zhang, G. Zhao, R. Wu, H. Xu, Uma nova sonda fluorescente de ativação para a deteção multicanal de Zn^{2+} e Bi^{3+} com diferentes mecanismos de ação, *Analyst*, **2018**, *143*, 449-457.

131. S. C. Burdette, S. J. Lippard, The Rhodafluor Family. An Initial Study of Potential Ratiometric Fluorescent Sensors for Zn^{2+} , *Inorg. Chem*, **2002,** *41*, 6816-6823.

132. P. Du, S. J. Lippard, A Highly Selective Turn-On Colorimetric, Red Fluorescent Sensor for Detecting Mobile Zinc in Living Cells, *Inorg. Chem.*, **2010**, *49*, 10753-10755.

133. H. Sasaki, K. Hanaoka, Y. Urano, T. Terai, T. Nagano, Conceção e síntese de uma nova sonda de fluorescência para Zn^{2+} baseada no processo de abertura do anel de espirolactama de derivados de rodamina, *Bioorg. Med. Chem.*, **2011**, *19*, 1072-1078.

134. A. Rai, A. K. Singh, A. K. Sonkar, K. Tripathi, L. Mishra, Um conjunto de Zn^{2+} com uma hidrazona de rodamina B-3-alilsalicilaldeído como novo material fotossensível: Fotocromismo, fotopadronização, fotoprinting e portas lógicas moleculares, *Spectrochim Ata A Mol Biomol Spectrosc*, **2019**, *216*, 1-6.

135. K. Wechakorn, K. Suksen, P. Piyachaturawat, P. Kongsaeree, sensor fluorescente e colorimétrico à base de rodamina para zinco e sua aplicação em bioimagem, *Sens. Actuators B: Chem*, **2016**, *228*, 270-277.

136. K. Sreenath, R. J. Clark, L. Zhu, Emissão Tricolor de um Ligando Heteroditópico Fluorescente ao longo de um Gradiente de Concentração de Iões de Zinco(II), *J. Org. Chem.* **2012**, *77*, 8268-8279.

137. Y. Chen, F. Zhao, J. Tian, L. Jiang, K. Lu, Y. Jiang, H. Li, S. Yu, X. Yu, L. Pu, Semiquantitative Visual Chiral Assay with a Pseudoenantiomeric Fluorescent Sensor Pair, *J. Org. Chem.* **2021**, *86*, 9603-9609.

138. M. A.M. Alhamami, A. Y.A. Mohammed, J. S. Algethami, H. M. Al-Saidi, S. Khan, S. S. Alharthi, Quimiossensor de base de Schiff altamente sensível e seletivo para deteção de Cu^{2+} e 2,4-D. Uma abordagem analítica promissora: Uma abordagem analítica promissora, *Microchem. J.*, **2024**, 197, 109817.

139. G. M. Abu-Taweel, H. M. Al-Saidi, M. Alshareef, M. A M Alhamami, J. S. Algethami, S. S. Alharthi, Deteção colorimétrica de iões Cu^{2+} e Ag^{+} utilizando um quimiossensor de base de Schiff multi-reponsivo: A Versatile Approach for Environmental Monitoring, *J. Fluorescence*, **2023**, 28, doi: 10.1007/s10895-023-03512-9.

Perfil do autor

Dr. M. RAJASEKAR

O Dr. M. Rajasekar trabalha atualmente como Cientista-C/Professor Assistente (Investigação) no Centro de Ciências Moleculares e Nanomédicas, Centro Internacional de Investigação, Instituto Sathyabama de Ciência e Tecnologia (considerado Universidade), Chennai, desde 2018. Nasceu na aldeia de Agatheripattu, distrito de Tiruvannamalai em Tamil Nadu, Índia, e o seu principal interesse de investigação é na área da Química Orgânica Sintética. Recebeu o seu diploma de licenciatura do Departamento de Química, Arignar Anna Govt. Arts College, Cheyyar, afiliado à Universidade de Madras em 2005 e o seu diploma de mestrado do Departamento de Química, C. Abdul Hakeem College of Arts and Science, Vellore, afiliado à Universidade de Thiruvalluvar em 2007. Recebeu o grau de M. Phil do Departamento de Química, The New College, afiliado à Universidade de Madras, Chennai, em 2008. Trabalhou como professor convidado no Departamento de Química da Universidade de Anna, Chennai, de 26.06.2008 a 30.12.2008 e obteve o grau de doutoramento no Departamento de Química Orgânica da Universidade de Madras em 2015. Trabalhou como Pós-Doutorado Nacional (DST-SERB) na Universidade de Sathyabama, Chennai, de 2016 a 2018. Recebeu os graus de B.Ed (2021) e M.Ed (2023) do Arunachala College of

Education, afiliado à Tamil Nadu Teachers Education University, Chennai. Além disso, foram-lhe concedidas cinco patentes, publicou doze livros e é autor de duas monografias.

MIX
Papier aus verantwortungsvollen Quellen
Paper from responsible sources
FSC® C105338

Printed by Books on Demand GmbH, Norderstedt / Germany